PHYSIOLOGIE UND PATHOLOGIE DES GASAUSTAUSCHES IN DER LUNGE

BAD OEYNHAUSENER GESPRÄCHE IV
26. UND 27. OKTOBER 1960

MIT BEITRÄGEN VON

H. BARTELS · R. BEER · A. BÜHLMANN · E. DOLL
C.-W. HERTZ · P. HILPERT · K. KÖNIG · G. LOESCHCKE
W. MOLL · R. MÜRTZ · J. PIIPER · G. REICHEL · K. RIEGEL
G. RODEWALD · G. THEWS · W. T. ULMER

ZUSAMMENGESTELLT VON

H. BARTELS UND **E. WITZLEB**
TÜBINGEN   BAD OEYNHAUSEN

MIT 55 ABBILDUNGEN

SPRINGER-VERLAG
BERLIN · GÖTTINGEN · HEIDELBERG
1961

ISBN-13: 978-3-540-02633-4   e-ISBN-13: 978-3-642-99869-0
DOI: 10.1007/978-3-642-99869-0

Vorwort

Das erste Bad Oeynhausener Gespräch 1956 befaßte sich mit Fragen der Physiologie und Pathologie der Lunge und des kleinen Kreislaufs. Dem Wunsch der Initiatoren (BARTELS, DELIUS, LOCHNER, RODEWALD, SCHOEDEL undWITZLEB) entsprechend war eine kleine Zahl auf diesem Gebiet aktiv Arbeitender zusammengekommen, und mehr als die Hälfte der zur Verfügung stehenden Zeit konnte der Diskussion dienen. Dieser Konzeption entsprechend verliefen auch die folgenden „Gespräche". Nach vier Jahren wurde nun 1960 ein Ausschnitt der Problematik der ersten Gespräche wieder behandelt. Auf dem Gebiet der Physiologie und Pathologie des Gasaustausches in der Lunge sind genügend Fortschritte gemacht worden, um ein so spezielles Thema behandeln zu können. Die Teilnehmer bestanden nur aus aktiven Fachleuten, so daß eine sachliche, fruchtbare Diskussion geführt werden konnte.

Die Initiatoren glaubten sich trotz der großen Zahl von Symposien über die Lungenfunktion, die dieses Jahr abgehalten wurden (Wien, Nancy, Gießen), berechtigt, ein weiteres zu veranlassen, da die genannten Veranstaltungen vor allem den praktischen Bedürfnissen der Lungenfunktionsdiagnostik gewidmet waren und die hier publizierten Vorträge vor allem der Grundlagenforschung dienen.

Von einem Abdruck der Diskussion wurde erneut abgesehen, obwohl dies in manchen Buchbesprechungen bedauert wurde. Der Grund besteht in der Hoffnung, dadurch eine freiere Diskussion anzuregen. Die Autoren haben außerdem das Diskussionsergebnis häufig in die gedruckten Vorträge eingearbeitet, so daß der Leser auf einfacherem Wege das Resultat der Diskussion mitgeteilt erhält.

Inhaltsverzeichnis

Anschriftenverzeichnis

Prof. Dr. H. Bartels — Tübingen, Physiologisches Institut der Universität

Priv.-Doz. Dr. R. Beer — München, Chirurgische Universitätsklinik

Priv.-Doz. Dr. A. Bühlmann — Zürich, Medizinische Universitätsklinik

Dr. E. Doll — Freiburg/Breisgau, Medizinische Universitäts-Klinik

Priv.-Doz. Dr. C.-W. Hertz — Malente-Gremsmühlen, LVA-Krankenhaus Mühlenberg

Dr. P. Hilpert — Tübingen, Physiologisches Institut der Universität

Dr. K. König — Freiburg/Breisgau, Medizinische Universitäts-Klinik

Dr. G. Loeschcke — München, Chirurgische Universitäts-Klinik

Dr. W. Moll — Tübingen, Physiologisches Institut der Universität

Dr. R. Mürtz — Düsseldorf, I. Medizinische Klinik

Dr. J. Piiper — Göttingen, Physiologische Abteilung der Medizinischen Forschungsanstalt des Max Planck-Institutes

Dr. G. Reichel — Bochum, Medizinische Abteilung des Silikose-Forschungsinstituts der Bergbau-Berufsgenossenschaft

Dr. K. Riegel — Tübingen, Universitäts-Kinderklinik

Priv.-Doz. Dr. G. Rodewald — Hamburg, Chirurgische Klinik der Universität

Priv.-Doz. Dr. Dr. G. Thews — Kiel, Physiologisches Institut der Universität

Priv.-Doz. Dr. W. T. Ulmer — Bochum, Medizinische Abteilung des Silikose-Forschungsinstituts der Bergbau-Berufsgenossenschaft

Aus dem Physiologischen Institut der Universität Kiel
(Direktor: Prof. Dr. H. Lullies)

Die Sauerstoffdiffusion in den Lungencapillaren

Von

Gerhard Thews

Mit 7 Abbildungen

Der Gasaustausch in der Lunge erfolgt ausschließlich durch Diffusion unabhängig von den energieliefernden Prozessen des Zellstoffwechsels. Diesen eine Zeitlang umstrittenen Satz dürfen wir heute ohne jede Einschränkung zur Grundlage einer Untersuchung über die alveolare Sauerstoffaufnahme machen. Jedenfalls gibt es kein Experiment oder theoretisches Argument, das für einen aktiven Transport der Gasmoleküle spräche, wohl aber eine Fülle von Tatsachen, die die Diffusionshypothese unterstützen.

Obwohl über das thermodynamische Grundprinzip des Gasaustausches kaum noch ein Zweifel besteht, sind wir weit davon entfernt, die Einzelheiten dieses Vorganges auch nur angenähert überschauen zu können. Eine Klärung zeichnet sich eigentlich erst von der Zeit an ab, als man die Sauerstoffaufnahme des Erythrocyten in den Mittelpunkt der Betrachtung stellte.

Es ist zweckmäßig die Diskussion der alveolaren O_2-Diffusionsvorgänge so zu gliedern, daß man zunächst den Gasaustausch im Bereich einer einzelnen Lungencapillare und dann die Sauerstoffaufnahme der gesamten Lunge betrachtet. Gegenstand dieser Untersuchung ist die Analyse der Diffusionsprozesse in der einzelnen Capillare. Dabei wird vorausgesetzt, daß der O_2-Partialdruck in der Alveolarluft, die mit dem Capillarblut in Diffusionskontakt steht, einen örtlich und zeitlich konstanten Wert P_A hat. Das Blut, das mit dem venösen O_2-Druck $P_{\bar{v}}$ in die Capillare eintritt, möge sich mit konstanter Geschwindigkeit vom venösen zum arteriellen Capillarende bewegen. Beide Voraussetzungen sind für die einzelne Capillare und einen kürzeren Zeitraum zweifellos erfüllt. Inwieweit die mit Hilfe dieser Nebenbedingungen ermittelten Ergebnisse auf die gesamte Lunge übertragen werden dürfen und in welcher Beziehung eine Modifikation notwendig wird, muß jedoch in einer gesonderten Untersuchung geklärt werden, bei der die „Verteilungsprobleme" im weiteren Sinne im Mittelpunkt der Betrachtung stehen.

Das zentrale Problem der O_2-Diffusionsanalyse im Bereich der Einzelcapillare ist die Ermittlung der Partialdruckverteilung in der Alveolar- und Capillarwand, im Plasma und im Erythrocyteninneren. Die Lösung dieses Problems führt nämlich unmittelbar zur Beantwortung weiterer wichtiger Fragen von theoretischem und praktischem Interesse, so zu der Bestimmung der sogenannten Diffusionskapazität und der Abschätzung der Kontaktzeit zwischen Alveolarluft und

Capillarblut. Die O_2-Partialdruckverteilung im Diffusionsraum wird also im Mittelpunkt unserer Betrachtung stehen. Zuvor ist es aber notwendig, die Diffusionswege und die in ihnen vorliegenden Bedingungen für den Sauerstofftransport näher zu untersuchen.

Die Diffusionswege

Der Sauerstoff hat auf seinem Wege von der Alveole bis in das Innere des Erythrocyten hinein folgende Medien zu passieren, die der Molekülbewegung einen mehr oder weniger großen Diffusionswiderstand entgegensetzen:

a) die Alveolar- und Capillarwand,
b) das Blutplasma,
c) die Erythrocytenmembran,
d) einen Teil des Erythrocyteninneren (s. Abb. 1).

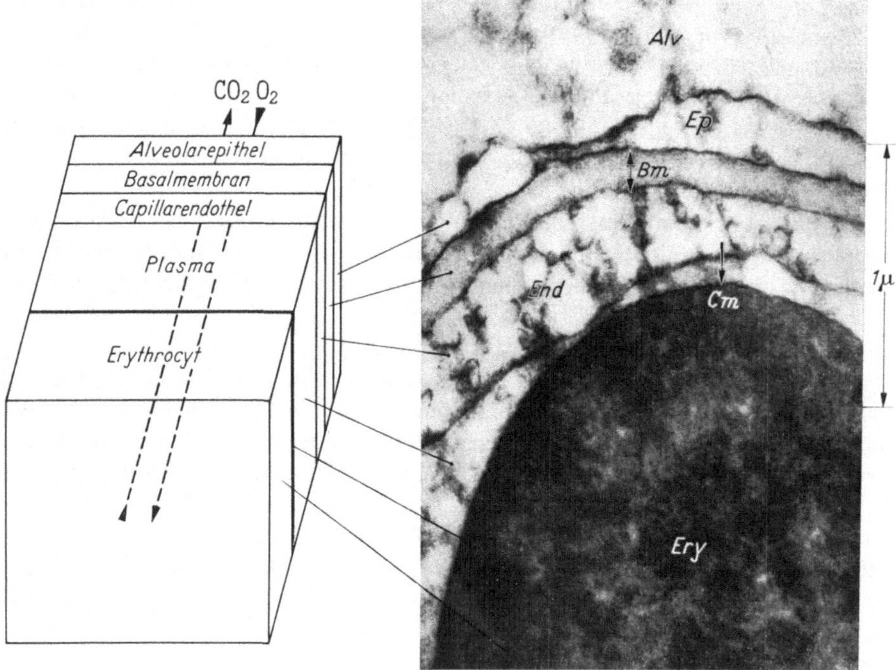

Abb. 1. Diffusionsweg des Sauerstoffs und des Kohlendioxyds in der Lunge. Rechts: Elektronenmikroskopische Aufnahme von H. SCHULZ. Links: Schematische Darstellung der Diffusionsschichten (modifiziert nach COMROE u. Mitarb.). *Alv* Alveole, *Ep* Alveolarepithel, B_m Basalmembran, *End* Capillarendothel, C_m Erythrocytenmembran, *Ery* Erythrocyt

Die Diffusionsvorgänge in diesen Medien lassen sich nur dann übersehen und sind der Berechnung zugänglich, wenn 1. die räumlichen Verhältnisse, insbesondere die Länge der Diffusionswege, und 2. die Diffusionswiderstände oder deren reziproke Werte, die Diffusionsleitfähigkeiten, hinreichend genau bekannt sind. Unsere Kenntnis über den feingeweblichen Aufbau des Lungengewebes hat in den letzten Jahren durch die Anwendung der elektronenmikroskopischen Technik eine wesentliche Bereicherung erfahren (BARGMANN, KARRER, LOW, MEESSEN,

Policard, Schulz); für die Leitfähigkeiten konnten in in-vitro-Versuchen neue Daten ermittelt werden (Kreuzer, Thews). Damit waren die Voraussetzungen für eine erneute Überprüfung unserer theoretischen Vorstellungen über den Gasaustausch in der Lunge gegeben.

a) Die Alveolar- und Capillarwand

Der gesamte Luft-Blut-Weg hat eine Länge von 0,3—0,6 μ und besteht auf der Luftseite aus der bedeckenden Cytoplasmaschicht der Alveolarepithelien, auf der Blutseite aus den Endothelien der Lungencapillare und aus der dazwischenliegenden Basalmembran (s. Abb. 1). Die homogene Basalmembran der Dicke 0,1—0,2 μ wird jederseits von einer basalen Zellmembran des Epithels bzw. des Endothels begrenzt.

Da die diffundierenden Gasmoleküle stets der Richtung des jeweiligen Partialdruckgradienten folgen, der im allgemeinen die Alveolar- und Capillarwand nicht senkrecht zur Oberfläche durchsetzt, ist damit zu rechnen, daß der Diffusionsweg in diesen Medien größer ist als der oben angegebene, in senkrechter Richtung gemessene Luft-Blut-Weg. Wir legen daher als Diffusionsweg in den trennenden Gewebeschichten die Länge von 1 μ der weiteren Betrachtung zugrunde.

Die O_2-Leitfähigkeit (Kroghscher Diffusionskoeffizient) der Alveolar- und Capillarwand konnte bisher nicht bestimmt werden. Wenn wir trotzdem zu einer Abschätzung ihrer Größe gelangen, dann nur deshalb, weil alle bisher in tierischen Geweben gemessenen O_2-Leitfähigkeiten nicht sehr stark voneinander abweichen. Im wesentlichen scheint die Leitfähigkeit für Sauerstoff vom Eiweißgehalt des Diffusionsmediums abzuhängen (Kreuzer). Wir können daher für die Alveolar- und Capillarwand einen Wert von $K = 1{,}7 \cdot 10^{-5} \left[\dfrac{cm^3\ O_2}{cm\ min\ Atm} \right]$ annehmen, der etwa mit demjenigen des Muskels übereinstimmt.

b) Das Blutplasma

Dürfen wir die Alveolar- und Capillarwand noch angenähert als eine ebene Diffusionsschicht ansehen, so ist dieses für die Plasmastrecke nicht ohne weiteres der Fall. Zunächst scheint hier sogar die Annäherung durch einen Kreiscylinder zum Zwecke der Diffusionsrechnung günstiger zu sein. Betrachtet man jedoch den Erythrocyten als ebenen Diffusionsraum (s. unten) und berücksichtigt, daß die Diffusionsvorgänge in den einzelnen Teilstrecken nicht als voneinander unabhängig behandelt werden dürfen, dann muß auch der Plasmaraum durch eine ebene Schicht approximiert werden. Wir wählen als Plasmaschichtdicke die Größe von 1 μ. Dies ist etwa der mittlere Abstand der Erythrocytenoberfläche von der Capillarwand bei freier Orientierung des Erythrocyten im Capillarraum.

Die O_2-Leitfähigkeit im Blutplasma beträgt nach Kreuzer

$$K = 3{,}5 \cdot 10^{-5} \left[\frac{cm^3\ O_2}{cm\ min\ Atm} \right].$$

c) Die Erythrocytenmembran

Die Erythrocytenmembran hat nach elektronenoptischen Untersuchungen eine Dicke von etwa 50 Å; das ist ungefähr $^1/_{200}$ der halben Erythrocytendicke.

Dieser Membran hat man ganz erstaunliche Eigenschaften als Diffusionshindernis in bezug auf die Atemgase zugeschrieben. Roughton schloß aus der Diskrepanz zwischen den von ihm gemessenen und berechneten Aufsättigungs- bzw. Entsättigungszeiten des Erythrocyten, daß die Membran diese Vorgänge wesentlich beeinflussen müsse. Das ist bei ihrer geringen Dicke aber nur dann möglich, wenn ihr Diffusionswiderstand etwa 200 mal größer wäre als der aller bisher untersuchten Gewebe der Warmblüter und des Frosches. Der Diffusionswiderstand der Erythrocytenmembran gegenüber Sauerstoff müßte in diesem Fall sogar noch 100 mal größer sein als der von Gummi und immer noch 20 mal größer als der des Chitins, der gasundurchlässigsten aller bisher untersuchten organischen Substanzen. Wir halten das für unwahrscheinlich, insbesondere da unsere eigenen gemeinsam mit Niesel und Lübbers durchgeführten Experimente keinen Anhalt für einen merklichen diffusionsverzögernden Einfluß der Membran ergeben haben (Niesel, Thews und Lübbers; Thews). Auch Kreuzer und Mochizuki kommen zu demselben Schluß.

Wir dürfen also der Erythrocytenmembran für die Diffusionsanalyse eine gleichgroße O_2-Leitfähigkeit wie dem Erythrocyteninneren zuordnen. Damit legen wir uns jedoch keineswegs fest, weil eine Abweichung von diesem Wert selbst um den Faktor 10 wegen der geringen Schichtdicke auf den Vorgang des Gasaustausches keinen merklichen Einfluß haben würde.

d) Der Diffusionsweg im Erythrocyteninneren

Die Sauerstoffdiffusion im Erythrocyteninneren ist mit der chemischen Reaktion der Oxygenierung des Hämoglobins gekoppelt. Die Einzelheiten dieses Vorganges, der für die Sauerstoffaufnahme in der Lunge von großer Bedeutung ist, werden unten noch ausführlich zu erörtern sein. Hier soll nur festgestellt werden, daß bei dem notwendigen Ersatz des Erythrocyten durch einen ebenen Diffusionsraum sowohl nach eigenen theoretischen Untersuchungen (Thews und Niesel) als auch nach neueren Angaben Roughtons mit einer effektiven Schichtdicke von 1,8 μ zu rechnen ist. Da die Sauerstoffaufnahme von beiden Seiten her erfolgt, beträgt der maximale Diffusionsweg in der Schicht 0,9 μ. Diese Werte sind so zu verstehen, daß in einer ebenen, beidseitig versorgten und 1,8 μ dicken Diffusionsschicht, deren chemische Zusammensetzung der des Erythrocyteninneren entspricht, die gleichen Aufsättigungsbedingungen vorliegen wie im Erythrocyten.

Bezüglich der Größe der O_2-Diffusionskoeffizienten im Erythrocyteninneren liegen differierende Angaben vor. Klug, Kreuzer und Roughton fanden bei 35,5%igen Hämoglobinlösungen einen Wert von $D = 0,4 \cdot 10^{-5} \left[\dfrac{cm^2}{sec} \right]$ (umgerechnet auf 37° C). Wir berechneten aus den Ergebnissen unserer an isolierten Erythrocyten durchgeführten Entsättigungsversuche ein doppelt so großes D. Wegen der großen Differenz ergab sich die Notwendigkeit zur erneuten Überprüfung dieser wichtigen Größe.

Nach einem neuen Verfahren, bei dem der Diffusionskoeffizient D, die Leitfähigkeit K und der Löslichkeitskoeffizient α gemeinsam bestimmt werden, fanden wir als vorläufige Werte — die Messungen sind noch nicht abgeschlossen —

für das Innere des Erythrocyten:

$$D = 0{,}8 \cdot 10^{-5} \left[\frac{\mathrm{cm^2}}{\mathrm{sec}} \right]$$

$$K = 1{,}3 \cdot 10^{-5} \left[\frac{\mathrm{cm^3\ O_2}}{\mathrm{cm\ min\ Atm}} \right]$$

$$\alpha = 0{,}026 \quad \left[\frac{\mathrm{cm^3\ O_2}}{\mathrm{cm^3\ Atm}} \right]$$

Die Gesetze für die Sauerstoffdiffusion in der Lunge

Alle Diffusionsvorgänge in der belebten und unbelebten Natur werden von dem 1. Fickschen Gesetz beherrscht, wonach die pro Zeiteinheit transportierte Stoffmenge dem Konzentrationsgradienten oder bei Gasen dem Partialdruckgradienten proportional ist. Die Anwendung des Gesetzes in dieser Fassung ohne zusätzliche Annahme setzt voraus, daß der Partialdruckgradient im gesamten Diffusionsraum nur einen definierten Wert hat. Das ist meist bei stationären Diffusionsprozessen der Fall, sofern nicht der diffundierende Stoff an chemischen Umsetzungen beteiligt ist. Die O_2-Aufnahme in der Lunge stellt dagegen einen typisch „orts- und zeitabhängigen Prozeß" dar, in dessen Mittelpunkt die Erythrocyten stehen, deren Aufsättigung in der Capillare wir sozusagen als mitbewegte Beobachter zu verfolgen haben. Für einen solchen Fall ist nicht mehr das 1. Ficksche Gesetz zuständig; der Vorgang wird vielmehr von der partiellen Differentialgleichung der Diffusion beschrieben, deren Lösungen sich aus ortsabhängigen und zeitabhängigen Funktionen zusammensetzen.

Als zweiter Punkt von grundlegender Bedeutung ist zu beachten, daß der diffundierende Sauerstoff mehrere Medien mit unterschiedlichen Diffusionseigenschaften zu passieren hat. Wie oben bereits festgestellt, darf man bei gleichlangen Diffusionswegen in der Wand, im Plasma und im Erythrocyten mit einem Verhältnis der O_2-Leitfähigkeiten von $K_W : K_P : K_E = 0{,}5 : 1 : 0{,}4$ rechnen. Ein solcher Diffusionsvorgang ist der mathematischen Behandlung nur dann zugänglich, wenn das Verhalten des Konzentrationsverlaufes an den Grenzflächen bekannt ist. Auf Grund des 1. Fickschen Gesetzes ergibt sich ganz allgemein (THEWS und NIESEL), daß an den Grenzflächen die Partialdruckgradienten den zugehörigen Diffusionsleitfähigkeiten umgekehrt proportional sind. Das heißt: Die Kurven der Druckverteilung

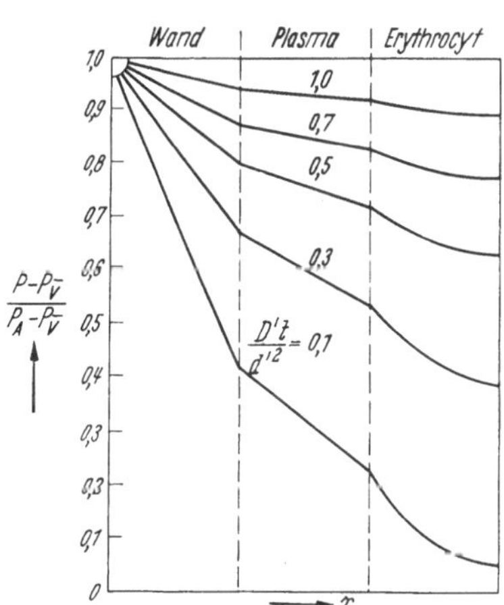

Abb. 2. O_2-Partialdruckverteilung in der Alveolar- und Capillarwand, im Blutplasma sowie im Erythrocyteninnenraum, berechnet nach THEWS unter Beachtung der „Grenzflächenbedingungen". Der Parameter $\dfrac{D't}{d'^2}$ ist ein Maß für die Zeit nach Eintritt des Erythrocyten in die Lungencapillare

weisen an den Grenzflächen einen Knick auf, der um so ausgeprägter ist, je stärker sich die Leitfähigkeiten diesseits und jenseits der Trennfläche unterscheiden.

In Abb. 2 sind die unter Verwendung der Grenzflächenbedingungen berechneten Kurven der Partialdruckverteilung für verschiedene Capillarabschnitte

in der Lunge dargestellt. Die Kurven lassen die Knicke an den Grenzen der
Medien deutlich erkennen und zeigen, daß der Partialdruckabfall im Plasma,
dem Medium mit der größten O_2-Leitfähigkeit, am geringsten ist, während in
der Wand und im Erythrocyten ein entsprechend steilerer Druckabfall vorliegt.

Der dritte Punkt, auf den wir unsere Aufmerksamkeit zu richten haben, ist die
Kombination des Diffusionsprozesses mit der chemischen Reaktion der Sauerstoff-
anlagerung an das Hämoglobin im Inneren des Erythrocyten. Die mathematische
Analyse dieses Vorganges erfordert insbesondere deshalb einen größeren Aufwand,
weil die partielle Differentialgleichung der Diffusion, deren Lösung bei einfachen
Nebenbedingungen keine Schwierigkeit bereitet, in diesem Fall ihre Gültigkeit
verliert. Die Ableitung dieser bei eindimensionaler Diffusion auch als 2. Ficksches Gesetz bezeichneten Gleichung erfordert nämlich die Annahme, daß keine
diffundierenden Teilchen im Diffusionsraum „verlorengehen". Die Anlagerung des
Sauerstoffs an das Hämoglobin bedeutet aber solch einen „Verlust", weil die
chemisch gebundenen Moleküle der Diffusion entzogen sind.

In den vergangenen Jahrzehnten ist nun auf mannigfache Weise versucht
worden, die Diffusion mit gekoppelter chemischer Reaktion in Modellversuchen
zu analysieren und ihre Gesetzmäßigkeiten mathematisch zu formulieren, nicht
zuletzt mit dem Ziel, zu einem besseren Verständnis der Gasaustauschvorgänge
im lebenden Organismus zu gelangen. Die Ergebnisse dieser experimentellen und
theoretischen Untersuchungen sollen hier jedoch nur soweit behandelt werden,
als sie für die Sauerstoffaufnahme in der Lunge von Bedeutung sind.

Die O_2-Partialdruckverteilung in der Lungencapillare

Eines der zentralen Probleme des alveolaren Gasaustausches ist die Ermittlung der O_2-Partialdruckverteilung in der Lungencapillare unter Anwendung
der genannten Gesetze mit den zugehörigen Nebenbedingungen. Obwohl es uns
bisher nicht möglich ist, das Problem exakt zu lösen — mit Aussicht auf Erfolg
könnte dies nur mit Hilfe elektronischer Rechenmaschinen geschehen —, lassen
sich doch Näherungslösungen gewinnen, die uns ein für praktische Zwecke aus-
reichendes Bild von der Druckverteilung in der Lungencapillare vermitteln.

a) Das Verfahren nach BOHR

Das Bohrsche Verfahren, ursprünglich zur Bestimmung der Differenz $\overline{\varDelta P}$
$= P_A - \overline{P}_c$ zwischen alveolärem und mittlerem capillären O_2-Druck entwickelt,
lieferte gleichzeitig eine erste Antwort auf die Frage nach der O_2-Druckverteilung
in der Lungencapillare. Seine Grundkonzeption ist die, daß die zeitliche O_2-Kon-
zentrationszunahme im Capillarblut der jeweils wirksamen O_2-Differenz zwischen
Alveole und Blut proportional ist, und stellt somit eine konsequente Anwendung
des 1. Fickschen Gesetzes auf die Verhältnisse in der Lunge dar. Damit ist jedoch
sofort eine zusätzliche Einschränkung verbunden, nämlich die, daß es zu jedem
Zeitpunkt der Aufsättigung, d. h. für jeden Capillarquerschnitt, nur einen bestimmten Druckgradienten geben darf. BOHR verlegte diesen Gradienten in die
Alveolar- und Capillarwand, weil er der Meinung war, daß die Austauschzeiten
im Plasma und im Erythrocyten gegenüber den Diffusionszeiten in der Wand vernachlässigt werden könnten. Das ist aber, wie wir heute wissen, keineswegs der Fall.

Im Bohrschen Verfahren wird berücksichtigt, daß die O_2-Anlagerung an das Hämoglobin nach Maßgabe der O_2-Bindungskurve erfolgt, die Reaktionszeit wird aber als unendlich klein angenommen. Diese vereinfachende Voraussetzung ist für die Bestimmung des Partialdruckverlaufes in der Capillare weitaus folgenschwerer als die Vernachlässigung des O_2-Druckabfalles im Plasma und im Erythrocyten. Sie führt dazu, daß der Anstieg des mittleren O_2-Druckes im Anfangsteil der Capillare langsamer zu erfolgen scheint, als es tatsächlich der Fall ist. Vgl. hierzu Abb. 3, in der die Verteilungen des mittleren Capillardruckes, berechnet nach verschiedenen Verfahren, dargestellt sind.

Auf die praktische Durchführung des Bohrschen Verfahrens können wir hier nicht näher eingehen und verweisen daher auf die Originalarbeit. BARTELS u. Mitarb. haben auf die Schwierigkeiten bei der Anwendung der Bohrschen Methode der graphischen Integration auf Prozesse mit kleinen Enddruckdifferenzen hingewiesen und gezeigt, wie sich diese am besten überwinden lassen. Es sind außerdem Verfahren angegeben worden, die alle auf der Konzeption BOHRs beruhen und nur das Ziel haben,

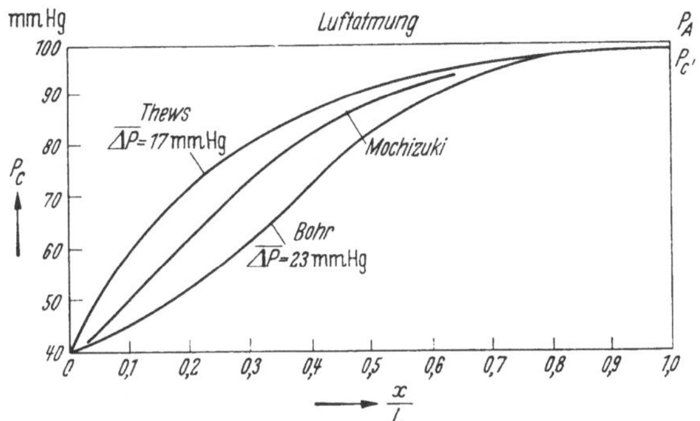

Abb. 3. Anstieg des mittleren O_2-Partialdruckes im Erythrocyten beim Durchgang durch die Lungencapillare bei Luftatmung, berechnet nach BOHR, MOCHIZUKI und THEWS für eine Enddruckdifferenz von 1 Torr. Ordinate: Mittlerer O_2-Partialdruck P_c [Torr]. Abszisse: Relative Capillarstrecke $\dfrac{x}{L}$ (L = Capillarlänge). P_A alveolärer O_2-Druck; P_c' endcapillärer O_2-Druck; $\overline{\Delta P}$ über die Capillarlänge gemittelte Differenz $P_A - P_c$

die Rechnung einfacher und genauer zu gestalten. Zu erwähnen ist hier die Modifikation von RILEY und COURNAND. Naheliegend ist auch der Gedanke, die Bindungskurve durch einen analytischen Ausdruck darzustellen und dann das Bohrsche Integral graphisch zu lösen (DIRKSEN und HEEMSTRA) oder das Integrationsverfahren auf tabellierte Funktionen zurückzuführen (VISSER und MAAS). Grundsätzlich bleiben aber die Ergebnisse aller dieser Verfahren mit den Fehlern behaftet, die in den Voraussetzungen BOHRs begründet liegen.

b) Das Verfahren nach ROUGHTON

ROUGHTON kommt das Verdienst zu, als erster auf die zentrale Stellung des Erythrocyten im Gasaustausch im Organismus hingewiesen zu haben. In experimentellen und theoretischen Untersuchungen gelang es ihm, wichtige Gesetzmäßigkeiten der Reaktionskinetik des Hämoglobins mit Gasen aufzuklären und so die Grundlagen für die mathematische Behandlung der Diffusionsvorgänge mit gekoppelter Reaktion im Erythrocyten zu schaffen.

Sein mathematisches Verfahren beruht auf der Erweiterung der partiellen Differentialgleichung der Diffusion durch Terme, die die Geschwindigkeitskonstanten der Reaktion enthalten. Die Lösung der erweiterten Differentialgleichung bereitet aber bereits einige Schwierigkeiten, wenn nur eine Geschwindigkeitskonstante berücksichtigt wird (ROUGHTON, 1932), bei Berücksichtigung aller

8 Konstanten der Reaktion $Hb_4 + 4\,O_2 = Hb_4O_8$, deren numerische Werte jetzt
näherungsweise bekannt sind (GIBSON), schien aber dieses Vorhaben bis vor kurzem
aussichtslos zu sein. Mit der Entwicklung elektronischer Rechenmaschinen besteht jedoch die Hoffnung, daß die Lösung des Problems bei einfacheren Rand-
und Anfangsbedingungen möglich sein wird.

Bisher ist es uns noch nicht möglich, eine nach dem Verfahren ROUGHTONs
berechnete O_2-Partialdruckverteilung in der Lungencapillare anzugeben, dagegen
läßt sich der Druckanstieg im Plasma entlang der Capillare für den Hypoxiefall
näherungsweise berechnen (ROUGHTON und FORSTER). Einfacher aus reaktionskinetischen Gründen ist die Analyse der CO-Aufnahme in der Lunge, die zu dem
Ergebnis führt, daß der Druckabfall in der Alveolar- und Capillarwand im Mittel
von der gleichen Größenordnung ist wie im Blut. Zu einem ähnlichen Ergebnis
kommen wir nach einem anderen Untersuchungsverfahren in bezug auf die O_2-
Aufnahme (s. unten).

c) Das Verfahren nach MOCHIZUKI

MOCHIZUKI und FUKUOKA haben bei der mathematischen Behandlung der
Sauerstoffaufnahme des Erythrocyten einen ähnlichen Weg wie ROUGHTON und
seine Schule eingeschlagen. Sie berücksichtigen in ihrer Differentialgleichung
ebenfalls die Reaktionszeiten des Sauerstoffes mit dem Hämoglobin, verzichten
aber von vornherein darauf, die Rechnung in aller Strenge durchzuführen. Die
Autoren analysieren die von GIBSON, KREUZER, MEDA und ROUGHTON bestimmte
Reaktionskurve unter der Annahme, daß jeweils nur ein Sauerstoffmolekül mit
einem Hämoglobinmolekül reagiert. Die dabei gefundenen scheinbaren Reaktionskonstanten werden dann zur Grundlage des Berechnungsverfahrens gemacht.

ROUGHTON und auch GIBSON haben aber in den letzten Jahren wiederholt
darauf hingewiesen, daß diese scheinbaren „Konstanten" von der jeweiligen Sauer-
stoffkonzentration abhängig sind und sich beim Fortschreiten der Reaktion verändern. Hier liegt in der Tat eine Fehlermöglichkeit des Verfahrens von MOCHI-
ZUKI und FUKUOKA. Das kommt vielleicht auch darin zum Ausdruck, daß die
O_2-Leitfähigkeit des Erythrocyteninneren mit

$$K = 0{,}34 \cdot 10^{-5} \left[\frac{cm^3\ O_2}{cm\ min\ Atm} \right]$$

mindestens um den Faktor 2 zu niedrig berechnet wird, wenn man die von GIBSON
u. Mitarb. in Modellversuchen ermittelten O_2-Aufsättigungszeiten nach diesem
Verfahren auswertet.

Der O_2-Druckabfall in der Alveolar- und Capillarwand sowie im Plasma
findet bei MOCHIZUKI keine Berücksichtigung, wodurch zwar weniger die Verteilung des mittleren O_2-Druckes längs der Lungencapillare bei bekannter Enddruckdifferenz als vielmehr die berechnete Kontaktzeit mit einem Fehler belastet
wird. Immerhin bedeutet der Ansatz von MOCHIZUKI und FUKUOKA einen wesentlichen Fortschritt gegenüber dem Bohrschen Verfahren. Die Unterschiede in
den Ergebnissen, die auf Grund der verschiedenen Berechnungsverfahren gewonnen wurden, gehen aus Abb. 3 hervor, in der die Kurven des O_2-Druckanstieges
längs der Lungencapillare dargestellt sind.

d) Das Verfahren nach Thews

Unser Verfahren zur Berechnung der Sauerstoffaufnahme des Erythrocyten und damit der O_2-Partialdruckverteilung in der Lungencapillare wurde mit dem Ziel einer möglichst einfachen und übersichtlichen Formulierung der mathematischen Beziehungen entwickelt. Es ermöglicht die Lösung von Diffusionsproblemen mit gekoppelter chemischer Reaktion, sofern die Bindungskurve durch eine Gerade ersetzt werden kann. Das bedeutet eine gewisse Einschränkung: Das Verfahren darf nur angewendet werden,

1. wenn sich der Diffusionsvorgang in einem geraden Bereich der Bindungskurve abspielt und die Reaktionszeiten vernachlässigt werden können, oder

2. wenn die nicht zu vernachlässigenden Reaktionszeiten während der Diffusion die Aufsättigung so verzögern, daß sie den gekrümmten Teil der Bindungskurve im Endeffekt zu einer Geraden werden lassen.

Der zweite Fall ist mit Wahrscheinlichkeit bei der Sauerstoffaufnahme in der Lunge realisiert. Beim Durchgang des Erythrocyten durch die Lungencapillare erfolgt nämlich die O_2-Druckzunahme wegen der günstigen Diffusionsbedin-

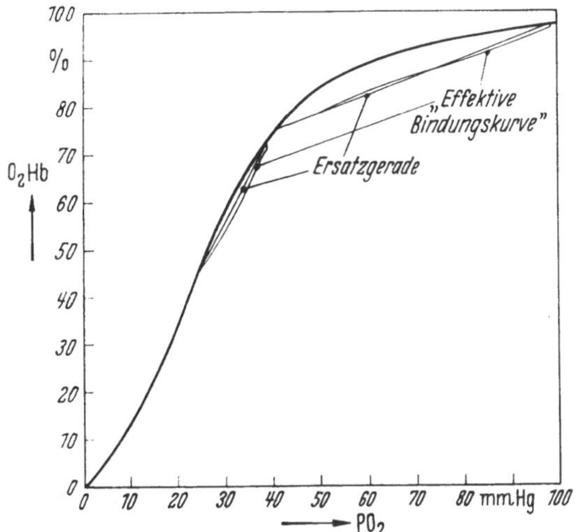

Abb. 4. O_2-Bindungskurve des Hämoglobins ($p_H = 7,4$; 37° C) mit eingezeichneter „effektiver Bindungskurve" für Luftatmung und Hypoxie, die den Zusammenhang zwischen O_2-Druck und O_2-Sättigung für den Erythrocyten in der Lungencapillare angibt, wo die Zeit zur Einstellung eines Reaktionsgleichgewichtes nicht ausreicht. Die „effektive Bindungskurve" kann gut durch eine Gerade approximiert werden

gungen so schnell, daß aus reaktionskinetischen Gründen die Gleichgewichtseinstellung der zugehörigen Sättigungswerte nicht genügend schnell nachfolgen kann. In der Lungencapillare gehört also zu jedem O_2-Druck ein niederer Wert der Sauerstoffsättigung, als ihn die Gleichgewichtsbindungskurve angibt. Der Zusammenhang zwischen Druck und Sättigung in der Capillare läßt sich unter Berücksichtigung der Angaben über die Reaktionszeiten von Gibson, Kreuzer, Meda und Roughton sowie Gibson näherungsweise bestimmen und ist neben der bekannten Gleichgewichtsbindungskurve, als „effektive Bindungskurve" gekennzeichnet, in Abb. 4 für Luftatmung und Hypoxie dargestellt. Diese Kurve, die man sich aus einer Folge von Ungleichgewichtszuständen aufgebaut zu denken hat, kann, wie man sieht, sehr gut durch eine Gerade ersetzt werden, so daß die Voraussetzungen unseres Verfahrens erfüllt sind. Ob die Übereinstimmung zwischen der „effektiven Bindungskurve" und der Ersatzgeraden tatsächlich so gut ist, wie wir sie nach den vorliegenden Daten über die Reaktionszeiten abgeschätzt und in Abb. 4 eingezeichnet haben, wird sich erst in Zukunft erweisen; es scheint uns aber jetzt schon außer Frage zu stehen, daß die Ergebnisse der Diffusionsrechnung unter Benutzung der Ersatzgeraden den wahren Verhältnissen näherkommen als bei Verwendung der Gleichgewichtsbindungskurve, wie dies beim Bohrschen Verfahren geschieht.

Außer der chemischen Reaktion im Erythrocyten kann bei unserem Verfahren der Partialdruckabfall in der Alveolar- und Capillarwand sowie im Plasma mitberücksichtigt werden, wie er sich aus dem Verhältnis der O_2-Leitfähigkeiten in den verschiedenen Medien ergibt und in Abb. 2 dargestellt ist.

Als Ergebnis der Diffusionsanalyse findet man den in Abb. 3 angegebenen Anstieg des mittleren O_2-Partialdruckes in der Lungencapillare.

Experimentelle Untersuchung der Sauerstoffaufnahme der Erythrocyten

Die genannten Verfahren zur Ermittlung der O_2-Partialdruck- bzw. Sättigungszunahme im Erythrocyten bei seinem Durchgang durch die Lungencapillare können zwar in bezug auf die Grundlagen und die Erfüllung der verschiedenen physiologischen Bedingungen untersucht und gegeneinander abgewogen werden, trotzdem ist es wünschenswert, die theoretischen Ergebnisse im experimentellen Verfahren überprüfen zu können. Eine Verfolgung der Sauerstoffaufnahme des Erythrocyten in vivo, die sich in weniger als einer Sekunde abspielt, ist aus methodischen Gründen bisher noch nicht möglich; die Überprüfung kann aber in Modellversuchen erfolgen, in denen die Aufnahmebedingungen den in der Lunge vorliegenden weitgehend angepaßt sind.

Auf der Grundlage einer von uns schon früher benutzten Versuchsanordnung haben wir die Sauerstoffaufnahme des Blutes unter physiologischen Bedingungen experimentell untersucht. Unter Ausnutzung der Oberflächenspannung des Blutes können Blutlamellen von so geringer Schichtdicke ausgespannt werden, daß die Erythrocyten in einfacher Schicht nebeneinander liegen. Setzt man diese Lamellen einem plötzlichen O_2-Partialdruckwechsel aus, dann wird die Sauerstoffaufnahme durch das Blut in ähnlicher Weise wie in der Lungencapillare erfolgen; es fehlt nur der verzögernde Einfluß der Alveolar- und Capillarwand. Die dabei nach Maßgabe der Sauerstoffdiffusion und der Reaktionskinetik am Hämoglobin eintretende Sättigungsänderung kann an der Veränderung des Absorptionsspektrums photometrisch verfolgt werden.

Nach diesem Prinzip wurden die Versuche mit folgender speziellen Versuchsanordnung durchgeführt (s. Abb. 5): Die zwischen zwei Ringen (1) aufgespannte Blutlamelle (2) befindet sich in einem Messingblock, der in zwei zueinander senkrechten Richtungen durchbohrt ist. Die eine jederseits mit einem Glaszylinder verschlossene Bohrung dient zur Durchleitung des monochromatischen Lichtstrahles (L) der Photometeranordnung; in der dazu senkrechten Richtung (G) strömt ein Gasgemisch an der Lamelle vorbei. Durch Drehung des Hahnes (3) kann in sehr kurzer Zeit ein zweites Gasgemisch mit anderen O_2- und CO_2-Partialdrucken in den Meßraum eingeleitet und gleichzeitig die Zufuhr des ersten Gemisches unterbrochen werden. Die gesamte Anordnung ist von einem Wassermantel umgeben, der von einem Umlaufthermostaten auf einer vorgegebenen Temperatur gehalten wird. Dem Temperaturangleich der Gase dienen zwei Leitungssysteme aus Kupferrohr (4); die Anreicherung mit Wasserdampf erfolgt in zwei Frittenflaschen (5), die ebenfalls in den temperierten Raum eingebaut sind.

Die zugehörige Photometeranordnung besteht aus einer Wolfram-Bandlampe als Lichtquelle, einem Doppelmonochromator als Filter und einen Sekundär-elektronen-Vervielfacher als Empfänger. Die Registrierung erfolgt über einen Elektronenstrahl-Oszillographen, dessen Schirm bei jedem Gaswechsel photographiert wird. Zwei mit der Gasumschaltung gekoppelte Kontakte (6) sorgen dabei für eine mit dem Gaswechsel synchrone Auslösung der Zeitablenkung des Elektronenstrahls und damit für den rechtzeitigen Beginn der Registrierung.

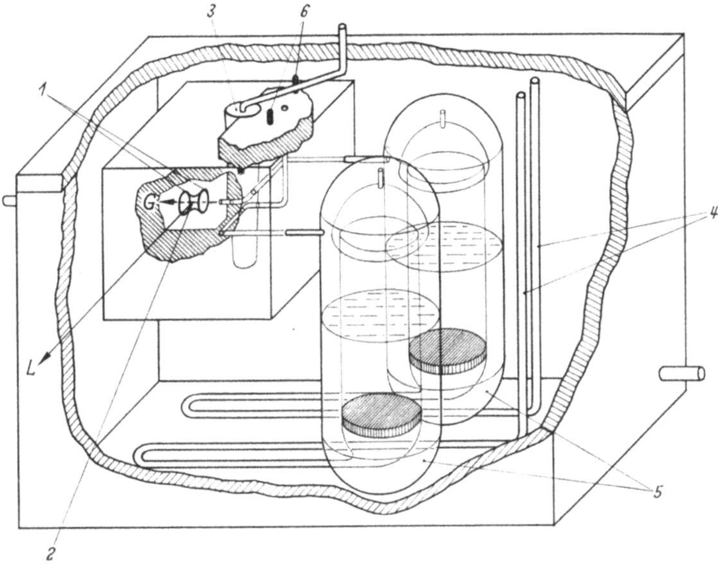

Abb. 5. Versuchsanordnung zur Untersuchung der Sauerstoffaufnahme sehr dünner Blutlamellen. L Richtung des monochromatischen Photometer-Lichtstrahles; G Richtung des Gasstromes; 1 Messingringe, zwischen denen die Blutlamelle 2 aufgespannt ist; 3 Hahn zur schnellen Umschaltung von einem Gasgemisch auf ein zweites anderer Zusammensetzung; 4 Leitungssystem aus Kupferrohr zum Angleich der Temperatur der durchgeleiteten Gase an die des umgebenden temperierten Wassermantels (vereinfacht dargestellt); 5 Frittenflaschen zur Wasserdampf-anreicherung der Gase; 6 Synchronisierungskontakte, die die Registrierung beim Umschalten des Hahnes 3 auslösen

Die ersten Messungen mit der beschriebenen Versuchsanordnung wurden an defibriniertem menschlichen Blut bei 37° C durchgeführt, und zwar bei einem schnellen Wechsel von einem Gasgemisch mit den Partialdrucken $P_{O_2} = 40$ Torr und $P_{CO_2} = 47$ Torr zu einem Gasgemisch mit den Partialdrucken $P_{O_2} = 100$ Torr und $P_{CO_2} = 40$ Torr. Diese Bedingungen entsprechen also etwa denjenigen, die für den Gasaustausch in den Lungencapillaren bei Luftatmung bestehen. In einer zweiten Versuchsserie wurde die Aufsättigung der monoerythrocytären Schichten unter Hypoxiebedingungen bei einem Wechsel von einem Gasgemisch mit $P_{O_2} = 25$ Torr und $P_{CO_2} = 40$ Torr zu einem Gemisch mit $P_{O_2} = 48$ Torr und $P_{CO_2} = 35$ Torr untersucht. Die Ergebnisse aus 135 Versuchen sind in Abb. 6 getrennt für Luftatmung (A) und Hypoxie (B) dargestellt. Die Punkte bezeichnen die gemessenen mittleren O_2-Sättigungswerte als Funktion der Zeit, wobei jeweils die obere der beiden Zeitskalen (t_{Bl}) gültig ist. Zum Vergleich ist die von uns unter Berücksichtigung der Diffusions- und Reaktionsverhältnisse berechnete Kurve der Sättigungszunahme mit eingezeichnet. Aus der guten Übereinstimmung der gemessenen mit den berechneten Werten darf man schließen, daß die

Gesetzmäßigkeiten des Vorganges richtig erfaßt und die der Rechnung zugrunde liegenden Voraussetzungen erfüllt sind.

Die Versuche ermöglichen darüber hinaus die Bestimmung der Aufsättigungszeiten des Blutes unter den in der Lungencapillare vorliegenden Bedingungen, aus denen auf die entsprechenden Kontaktzeiten zwischen Blut und Gasphase in der Lunge geschlossen werden kann. In Abb. 6 sind die Zeiten markiert, für die bei Luftatmung eine O_2-Druckdifferenz zwischen dem umgebenden Gas und dem Erythrocyteninneren von 1 Torr (t_K) besteht und bei Hypoxie die entsprechenden Differenzen 9 Torr (t_{K_1}), 6 Torr (t_{K_2}) und 3 Torr (t_{K_3}) betragen. Diese Zeiten beziehen sich aber auf den Aufsättigungsvorgang ohne den verzögernden Einfluß der Alveolar- und Capillarwand. Aus dem Verhältnis der O_2-Leitfähigkeiten und dem der Diffusionswege des Sauerstoffes in der Wand, im Plasma und im Erythrocyten ergibt sich, daß bei einem vorgeschalteten Diffusionshindernis, wie es die Alveolar- und Capillarwand darstellt, die Aufsättigungszeiten in der Lungencapillare etwa um den Faktor 1,6 größer sein müssen, als bei der einfachen Aufsättigung der Blutschicht. In diesem Fall gilt die untere Zeitskala (t_L) der Abb. 6. Danach ist in der Lunge mit einer Kontaktzeit von 0,5 sec oder etwas mehr je nach der erreichten Enddruckdifferenz zu rechnen.

Über die Zeit des Diffusionskontaktes in der Lunge konnte aber bisher noch keine Einigung erzielt werden. Die Angaben schwanken zwischen $t_K < 0,1$ sec (VOGEL) und $t_K = 0,9$—$1,9$ sec (PIIPER). ROUGHTON berechnete 0,7 sec, MOCHIZUKI fand bei Vernachlässigung der

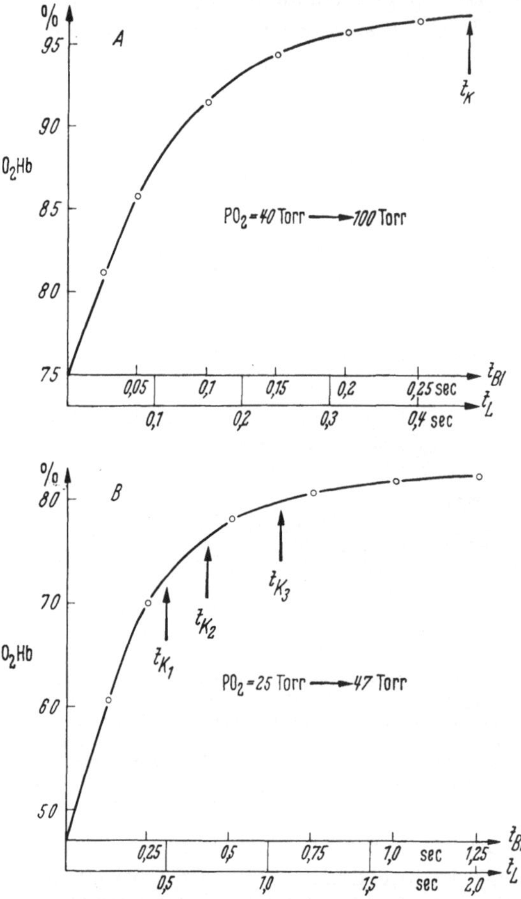

Abb. 6. O_2-Sättigungszunahme in einer dünnen Blutlamelle in Abhängigkeit von der Zeit bei einem plötzlichen Wechsel des äußeren Gasgemisches *A* unter den Bedingungen der Luftatmung ($P_{O_2} = 40$ Torr, $P_{CO_2} = 47$ Torr → $P_{O_2} = 100$ Torr, $P_{CO_2} = 40$ Torr) und *B* unter Hypoxiebedingungen ($P_{O_2} = 25$ Torr, $P_{CO_2} = 40$ Torr → $P_{O_2} = 48$ Torr, $P_{CO_2} = 35$ Torr). Die Punkte bezeichnen die gemessenen Mittelwerte aus 135 Versuchen, die durchgezogene Kurve wurde nach dem Verfahren von THEWS berechnet. Ordinate: O_2-Sättigung des Hämoglobins in %. Obere Abszisse: Zeit für die Aufsättigung einer Blutlamelle in sec (t_{Bl}). Untere Abszisse: Zeit für die Aufsättigung des Blutes in den Lungencapillaren in sec (t_L). Pfeile: Kontaktzeiten bei den Enddruckdifferenzen 1 mm Hg (t_K) bei Luftatmung und 9 mm Hg (t_{K_1}), 6 mm Hg (t_{K_2}) sowie 3 mm Hg (t_{K_3}) bei Hypoxie

Wanddiffusion 0,2 sec. Der von uns berechnete und in Modellversuchen in dünnen Blutlamellen bestätigte Wert ordnet sich etwa in den mittleren Bereich ein. Es muß aber darauf hingewiesen werden, daß die Daten von ROUGHTON, MOCHIZUKI und THEWS ohne Berücksichtigung der Verteilungskomponenten bestimmt wurden, d. h. für eine funktionell „homogene Lunge" gelten, so daß die wahren Kontaktzeiten evtl. etwas größer sein könnten.

Die sogenannte Diffusionskapazität der Lunge

Die sogenannte O_2-Diffusionskapazität der Lunge D_L ist definiert als diejenige O_2-Menge pro Minute $(\dot{V})$, die je Torr mittlerer Druckdifferenz zwischen Alveole und Capillarinnerem $(\overline{\Delta P})$ vom Blut aufgenommen wird:

$$D_L = \frac{\dot{V}}{\overline{\Delta P}} \left[\frac{cm^3}{min\ Torr} \right]$$

Diese Größe wurde ursprünglich von BOHR eingeführt, um bei der Prüfung der Argumente für die Diffusionshypothese und die Sekretionshypothese des Gasaustausches die „Diffusionsgröße" quantitativ erfassen zu können, und hat neuerdings wieder in der Lungenfunktionsdiagnostik eine größere Bedeutung erlangt. Bevor wir auf die Möglichkeiten zur Bestimmung von D_L eingehen, fragen wir nach der thermodynamischen Bedeutung dieser Größe, bei der nicht nur der Name problematisch ist.

Nach der oben erläuterten Vorstellung BOHRs war die Definition von D_L wohlbegründet, weil jedem Capillarquerschnitt ein bestimmter Druckgradient zugeordnet werden konnte, so daß durch Integration über die Capillarlänge die mittlere Druckdifferenz $\overline{\Delta P}$ einen eindeutigen Wert erhielt. Wie aber Abb. 2 zeigt, findet man in Wahrheit in jedem Querschnitt je nach dem betrachteten Ort in der Wand, im Plasma oder im Erythrocyten O_2-Druckgradienten von unterschiedlicher Größe. Damit verliert aber auch die Bohrsche Definition ihren Sinn.

Besonders deutlich wird das, wenn man die sogenannte Diffusionskapazität D_L mit der analogen elektrischen Größe vergleicht. Nach dem 1. Fickschen Gesetz, das die Grundlagen für die Definition von D_L bildet, ist $D_L = \dfrac{KF}{d}$, wobei K die O_2-Leitfähigkeit, F die Fläche und d die Diffusionsschichtdicke bezeichnet. Wenn nun die O_2-Leitfähigkeit K der spezifischen elektrischen Leitfähigkeit σ analog ist (NIESEL und THEWS), dann entspricht D_L der elektrischen Gesamtleitfähigkeit G, also dem reziproken Gesamtwiderstand R. Man kann nun zeigen, daß die O_2-Aufnahme in der Lungencapillare analog einer Kondensatoraufladung über mehrere Widerstände abläuft. Ebensowenig wie sich die Kondensatoraufladung allein durch den Wert eines Widerstandes beschreiben läßt, genauso ungeeignet ist D_L allein zur Charakterisierung der O_2-Aufnahme in der Lunge. Das richtige Maß ist in beiden Fällen die Zeitkonstante τ des Aufladungsvorganges.

Wenn man trotzdem D_L als Richtgröße für den Diffusionsvorgang in der Lunge beibehalten will, dann ist man gezwungen zusätzlich zu definieren, was man unter der mittleren Druckdifferenz $\overline{\Delta P}$ verstehen will. Das ist auf verschiedene Weise möglich:

a) ROUGHTON leitete eine Beziehung ab, in der der Gesamtdiffusionswiderstand der Lunge $\dfrac{1}{D_D}$ additiv zusammengesetzt ist aus zwei Anteilen, die sich auf die Alveolar- und Capillarwand — von ROUGHTON Lungenmembran genannt —

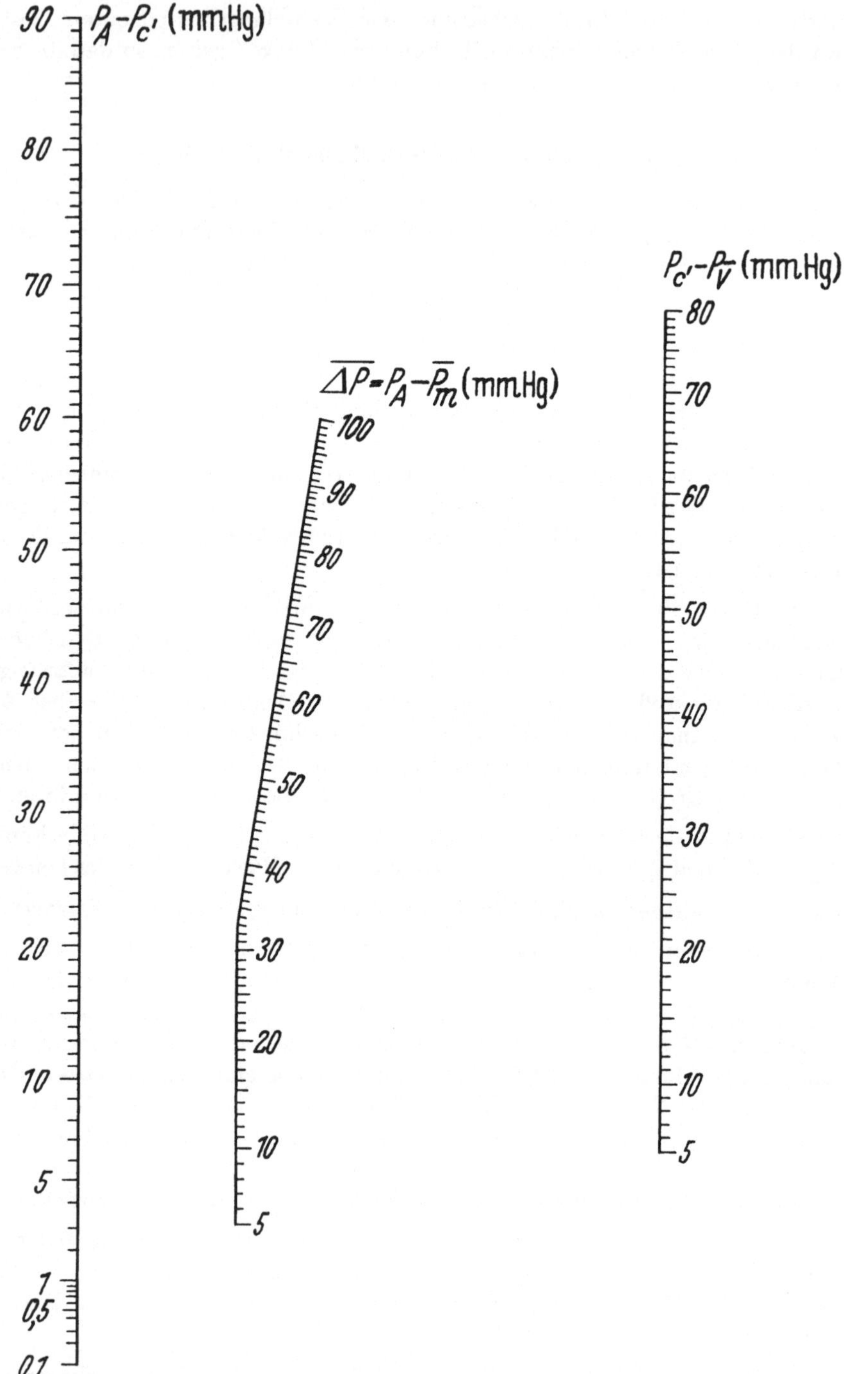

Abb. 7. Nomogramm zur Bestimmung der mittleren O_2-Druckdifferenz $\overline{\Delta P} = P_A - \overline{P_m}$ aus den Meßgrößen P_A (alveolärer O_2-Druck), $P_{c'}$ (endcapillärer O_2-Druck) und $P_{\overline{v}}$ (venöser O_2-Druck). Wenn außerdem $\dot{V}$ (die O_2-Aufnahmen in cm³ je min) bekannt ist, kann der O_2-Diffusionsfaktor aus $D_L = \dfrac{\dot{V}}{\overline{\Delta P}}$ ermittelt werden

und auf den Erythrocyten beziehen:

$$\frac{1}{D_L} = \frac{1}{D_M} + \frac{1}{\theta V_c}$$

Hierin bedeuten:

D_M die „Diffusionskapazität" der Membran,

θ die Gasaufnahme in der Zeiteinheit durch die Erythrocyten pro Torr Druckdifferenz zwischen Plasma und Erythrocyteninnerem,

V_c das Volumen des Capillarblutes der Lunge.

D_M ist hier eindeutig definiert als Diffusionsleitfähigkeit der Alveolar- und Capillarwand; schwierig ist nur die Interpretation von θV_c, weil von vornherein nicht feststeht, welcher Wert für die Druckdifferenz zwischen Plasma und Erythrocyteninnerem (s. Abb. 2) anzusetzen ist.

Für die CO-Aufnahme gelang es Roughton und Forster mit Hilfe der angegebenen Beziehung aus verschiedenen Experimenten abzuleiten, daß

1. der Membrandiffusionswiderstand von der Größenordnung des „Diffusionswiderstandes" des Erythrocyten ist,

2. die Normalwerte der „Diffusionskapazitäten" etwa bei $D_L = 20 - 30$ $\left[\dfrac{cm^3}{min\ Torr}\right]$ und $D_M = 40 - 60$ $\left[\dfrac{cm^3}{min\ Torr}\right]$ liegen,

3. das Capillarvolumen V_c etwa 75 cm³ beträgt.

Bei der O_2-Aufnahme sind die Verhältnisse schwerer zu übersehen. Wahrscheinlich ist es, daß V_c denselben Wert wie bei der CO-Aufnahme hat, während D_M nach Maßgabe des Verhältnisses der Diffusionskoeffizienten bei der O_2- und CO-Aufnahme um den Faktor 1,2 größer ist. Über die restlichen Werte lassen sich vorläufig noch keine endgültigen Angaben machen.

b) Wir haben einen anderen Weg zur Ermittlung von D_L vorgeschlagen: Da der O_2-Partialdruck des Blutes im wesentlichen von der mittleren Sättigung des Erythrocyten bestimmt wird, ist es sinnvoll, unter ΔP die Differenz zwischen dem alveolären O_2-Druck und dem über den Querschnitt des Erythrocyten gemittelten O_2-Druck zu verstehen. Dieser Wert kann nach unserem Verfahren (s. oben) in geschlossener Form berechnet werden. Die Integration von ΔP vom Anfang bis zum Ende der Capillare und Division durch die Capillarlänge liefert dann die im Nenner der Definitionsgleichung von D_L erscheinende mittlere Druckdifferenz $\overline{\Delta P}$. Für den praktischen Gebrauch konnte dieses Verfahren soweit verbessert werden, daß die Bestimmung von D_L aus den Meßwerten P_A (alveolärer O_2-Druck), $P_{\bar{v}}$ (venöser O_2-Druck) und $P_{c'}$ (endcapillärer O_2-Druck) mit Hilfe eines Nomogramms ohne besondere Rechnung möglich ist (s. Abb. 7).

Unter der Voraussetzung, daß in allen parallelgeschalteten Lungencapillaren die gleichen Aufnahmebedingungen vorliegen, findet man danach unter Verwendung der Meßergebnisse von Bartels u. Mitarb. einen Wert für D_L, der bei 20 $\left[\dfrac{cm^3}{min\ Torr}\right]$ liegt.

Die Zeitkonstante der Sauerstoffaufnahme in der Lunge

Sofern die Voraussetzungen unseres Berechnungsverfahrens richtig sind, läßt sich der Anstieg des mittleren O_2-Druckes im Erythrocyten beim Durchgang durch die Lungencapillare mit Ausnahme des Anfangsteiles gut durch eine e-Funktion beschreiben (s. Abb. 6):

$$\frac{P_c - P_{\bar{v}}}{P_A - P_{\bar{v}}} = 1 - e^{-\frac{t}{\tau}}$$

Hierin bedeuten:

P_c den mittleren O_2-Druck im Erythrocyten,

P_A den alveolären O_2-Druck,

$P_{\bar{v}}$ den venösen O_2-Druck,

t die Zeit, vom Eintritt des Erythrocyten in die Capillare an gerechnet,

τ die Zeitkonstante der Aufsättigung.

Am Ende der Kontaktzeit t_K hat sich im Erythrocyten der mittlere endcapilläre O_2-Druck $P_{c'}$ eingestellt. Nach dem Einsetzen dieser speziellen Werte kann man die oben angegebene Beziehung so umformen, daß auf der rechten Seite ein Ausdruck steht, der nur bekannte Meßgrößen enthält:

$$\frac{t_K}{\tau} = \ln \frac{P_A - P_{\bar{v}}}{P_A - P_{c'}}$$

Das hierdurch leicht zu berechnende Verhältnis $\frac{t_K}{\tau}$, das am besten als O_2-Aufnahmeexponent bezeichnet wird, stellt ein besonders geeignetes Maß für die „O_2-Diffusionsfähigkeit" in der Lunge dar, weil es weitgehend voraussetzungsfrei den Aufsättigungsmodus beschreibt und linear von den diffusionsbestimmenden Größen abhängt.

Für Luftatmung ergibt sich $\frac{t_K}{\tau} = 4,1$ oder $6,4$, je nachdem ob man für die Enddruckdifferenz 1 Torr oder 0,1 Torr ansetzt. Ein Wert unter 4 würde demnach eine „Diffusionsstörung" charakterisieren, die hervorgerufen sein könnte durch eine Verkürzung der Kontaktzeit t_K oder eine Erhöhung des Diffusionswiderstandes, der linear in die Zeitkonstante τ eingeht. Eine Differenzierung dieser beiden Ursachen einer Diffusionsstörung nur mit Hilfe der Diffusionsanalyse ohne zusätzliche Information ist grundsätzlich nicht möglich. Bei einer Verlängerung des Diffusionsweges in der Alveolar- und Capillarwand auf das Doppelte der normalen Schichtdicke, wie es nach MEESSEN und SCHULZ bei einem Lungenödem etwa vorkommen mag, ist damit zu rechnen, daß $\frac{t_K}{\tau}$ um den Faktor 0,7—0,8 eingeschränkt ist.

Für einen anderen Partialdruckbereich, z. B. bei der O_2-Aufnahme unter Hypoxiebedingungen, hat $\frac{t_K}{\tau}$ einen anderen Wert als bei Luftatmung. Es kann gezeigt werden, daß sich der O_2-Aufnahmeexponent näherungsweise durch

$$\frac{t_K}{\tau} = \frac{D_L \cdot t_K}{1,34 \cdot \dfrac{c_{Hb}}{100} \dfrac{N}{100} \cdot V_c} = \frac{D_L}{1,34 \cdot \dfrac{c_{Hb}}{100} \cdot \dfrac{N}{100} \cdot HZV}$$

darstellen läßt.

Hierin bedeuten:

D_L die Diffusionskapazität $\left[\dfrac{cm^3}{min\,Torr}\right]$,

c_{Hb} die Hämoglobinkonzentration des Capillarblutes [g-%],

N die Neigung der Ersatzgeraden der O_2-Bindungskurve in dem entsprechenden Bereich $\left[\dfrac{1}{Torr}\right]$ (s. Abb. 4),

V_c das Capillarvolumen [cm³],

HZV   das Herzzeitvolumen $\left[\dfrac{cm^3}{min}\right]$.

$\dfrac{t_K}{\tau}$ ist also u. a. abhängig von der Neigung der O_2-Bindungskurve im Auf-

sättigungsbereich. Wenn aber die Normalwerte von $\dfrac{t_K}{\tau}$ erst einmal für ver-

schiedene Atemgemische bekannt sind, dann läßt sich eine Diffusionsstörung

leicht durch die Berechnung von $\ln \dfrac{P_A - P_{\bar{v}}}{P_A - P_{c'}}$ quantitativ erfassen.

<h3 style="text-align:center">Anhang</h3>

<h2 style="text-align:center">Zusammenstellung der Gleichungen
für die O_2-Diffusion in den Lungencapillaren</h2>

1. Ficksches Diffusionsgesetz für eine ebene Schicht:

$$\dot{v} = -D \frac{(C_1 - C_2) F}{d} \qquad \text{oder} \qquad \dot{v} = -K \frac{(P_1 - P_2) F}{d}$$

$\dot{v}$ = diffundierende Gasmenge in der Zeiteinheit
F = Fläche
d = Schichtdicke
$C_1 - C_2$ = Konzentrationsdifferenz
$P_1 - P_2$ = Partialdruckdifferenz
D = Diffusionskoeffizient
K = Diffusionsleitfähigkeit (Kroghscher Diffusionskoeffizient)

1. Ficksches Diffusionsgesetz in differentieller Fassung:

$$\vec{v} = -D \cdot \operatorname{grad} C \quad \text{oder} \quad \vec{v} = -K \cdot \operatorname{grad} P$$

$\vec{v}$ = Diffusionsdichtevektor

Partielle Differentialgleichung der Diffusion:

$$\frac{\partial C}{\partial t} = D \cdot \Delta C \qquad \text{oder} \qquad \frac{\partial P}{\partial t} = \frac{K}{\alpha} \cdot \Delta P$$

t = Zeit
ΔC = Laplace-Operator, angewandt auf die Konzentration C
ΔP = Laplace-Operator, angewandt auf den Partialdruck P
α = Bunsenscher Löslichkeitskoeffizient

Grenzflächenbedingungen

$$\frac{C_1}{\alpha_1} = \frac{C_2}{\alpha_2} \qquad \text{oder} \qquad P_1 = P_2$$

$$D_1 (\operatorname{grad} C_1)_n = D_2 (\operatorname{grad} C_2)_n \quad \text{oder} \quad K_1 (\operatorname{grad} P_1)_n = K_2 (\operatorname{grad} P_2)_n$$

1   = Index des 1. Diffusionsmediums
2   = Index des 2. Diffusionsmediums
$(\operatorname{grad} C)_n$ = Normalkomponente des Gradienten in bezug auf die Grenzfläche

Bohrsches Integral zur Berechnung der mittleren O_2-Druckdifferenz zwischen Alveolarluft und Capillarblut:

$$\frac{1}{P_A - \overline{P}_c} = \frac{1}{C_{c'} - C_v} \int_{C_{\bar{v}}}^{C_{c'}} \frac{dC_c}{P_A - P_c}$$

P_A = alveolärer O_2-Druck
P_c = capillärer O_2-Druck

$\bar{P}_c$ $\quad=$ mittlerer capillärer O_2-Druck
$C_{\bar{v}}$ $\quad=$ O_2-Konzentration des venösen Mischblutes
$C_{c'}$ $\quad=$ endcapilläre O_2-Konzentration

Darstellung der O_2-Konzentration im Capillarblut C_c in Abhängigkeit vom O_2-Druck P_c nach VISSER *und* MAAS *zur Lösung des Bohrschen Integrals:*

$$C_c = 0{,}2(1 - 10^{-0{,}02P_c})^2 + 3 \cdot 10^{-5} P_c$$

Differentialgleichung für die O_2-Diffusion im Erythrocyten bei Berücksichtigung einer Reaktionskonstanten nach ROUGHTON:

$$\frac{\partial C}{\partial t} = D \frac{\partial^2 C}{\partial x^2} - \frac{k'}{\alpha} Cy$$

y $\quad=$ Konzentration des reduzierten Hämoglobins, ausgedrückt in O_2-Bindungskapazität

k' $\quad=$ scheinbare Geschwindigkeitskonstante der O_2-Anlagerung an das Hämoglobin

Differentialgleichung für die O_2-Diffusion im Erythrocyten nach MOCHIZUKI *und* FUKUOKA:

$$\frac{\partial P}{\partial t} = D \frac{\partial^2 P}{\partial x^2} - \frac{k' y(t)}{\alpha} [P - P_c(t)]$$

Differentialgleichung für die O_2-Diffusion in den Lungencapillaren nach THEWS:

$$\frac{\partial P}{\partial t} = \frac{D}{1 + \dfrac{1{,}34}{\alpha} \dfrac{c_{Hb}}{100} \dfrac{N}{100}} \frac{\partial^2 P}{\partial x^2}$$

N $\quad=$ Neigung der Ersatzgeraden für die O_2-Bindungskurve im Bereich der Sättigungsänderung

c_{Hb} $\quad=$ Hämoglobinkonzentration

Literatur

ADAIR, G. S.: J. biol. Chem. **63**, 529 (1925).
BARGMANN, W., u. A. KNOOP: Z. Zellforsch. **44**, 263 (1956).
BARTELS, H.: Über Möglichkeiten und Grenzen der Beurteilung von Diffusionsbedingungen in der menschlichen Lunge. Lungen und kleiner Kreislauf. Bad Oyenhausener Gespräche I 1956, S. 28. Berlin-Göttingen-Heidelberg: Springer-Verlag 1957.
— Verh. dtsch. Ges. inn. Med. 62. Kongreß 1956.
— R. BEER, E. FLEISCHER, H.-J. HOFFHEINZ, J. KRALL, G. RODEWALD, J. WENNER u. J. WITT: Pflügers Arch. ges. Physiol. **261**, 99 (1955).
BOHR, CH.: Scand. Arch. Physiol. (Berlin und Leipzig) **22**, 221 (1909).
COMROE, J. H., R. E. FORSTER, A. B. DUBOIS, W. A. BRISCOE and E. CARLSEN: The Lung, clinical physiology and pulmonary function tests. Chicago 1955.
DIRKSEN, M. N. J., and H. HEEMSTRA: Arch. néerl. Physiol. **28**, 501 (1948).
FICK, A.: Pogg. Ann. **94**, 59 (1855).
FORSTER, R. E., F. J. W. ROUGHTON, W. A. BRISCOE and F. KREUZER: J. appl. Physiol. **11**, 260 (1957).
GIBSON, Q. H.: Progr. Biophys. Biophys. Chem. **9**, 1 (1959).
— and F. J. W. ROUGHTON: J. Physiol. (Lond.) **140**, 37 P (1958).
— F. KREUZER, E. MEDA and F. J. W. ROUGHTON: J. Physiol. (Lond.) **129**, 65 (1955).
HARTRIDGE, H., and F. J. W. ROUGHTON: Proc. roy. Soc. Lond. A. **104**, 376 (1923).
— — Proc. roy. Soc. Lond. A. **104**, 395 (1923).
— — Proc. roy. Soc. Lond. A. **107**, 654 (1925).
KARRER, H. E.: Exp. Cell Res. **10**, 237 (1956).
— Exp. Cell Res. **11**, 542 (1956).
— J. biophys. biochem. Cytol. **2**, 241 (1956).
KLUG, A., F. KREUZER and F. J. W. ROUGHTON: Helv. physiol. pharmacol. Acta **14**, 121 (1956).
— — — Proc. roy. Soc. B **145**, 452 (1956).

KREUZER, F.: Modellversuche zum Problem der Sauerstoffdiffusion in den Lungen. Habil.-Schrift Fribourg 1953.
— Helv. physiol. pharmacol. Acta **7**, 647 (1949).
— Helv. physiol. pharmacol. Acta **8**, 505 (1950).
— Helv. physiol. pharmacol. Acta **9**, 185 (1951).
— Helv. physiol. pharmacol. Acta **9**. 379 (1951).
KROGH, A.: J. Physiol. (Lond.) **52**, 391 (1918/19).
LILIENTHAL, L. J. jr., R. L. RILEY, D. D. PROEMMEL and R. E. FRANKE: Amer. J. Physiol. (Lond.) **147**, 199 (1946).
LOCHNER, W., H. BARTELS, R. BEER, M. MOCHIZUKI u. G. RODEWALD: Pflügers Arch. ges. Physiol. **264**, 294 (1957).
LOESCHCKE, H. H.: Klin. Wschr. **1954**, 145.
LOW, F. N.: Anat. Rec. **115**, 343 (1953).
— Anat. Rec. **117**, 241 (1953).
MEESSEN, H., u. H. SCHULZ: Elektronenmikroskopische Untersuchungen des experimentellen Lungenödems. Lungen und kleiner Kreislauf. Bad Oeynhausener Gespräche I 1956, S. 54. Berlin-Göttingen-Heidelberg: Springer-Verlag 1957.
MOCHIZUKI, M., and J. FUKUOKA: Jap. J. Physiol. **8**, 206 (1958).
— T. ANSO, H. GOTO, A. HAMAMOTO and Y. MAKIGUCHI: Jap. J. Physiol. **8**, 225 (1958).
NICOLSON, P., and F. J. W. ROUGHTON: Proc. roy. Soc. B. **138**, 247 (1951).
NIESEL, W., G. THEWS u. D. LÜBBERS: Pflügers Arch. ges. Physiol. **268**, 296 (1959).
— — Pflügers Arch. ges. Physiol. **269**, 282 (1959).
OPITZ, E., u. H. BARTELS: Hoppe-Seyler/Thierfelder: „Handbuch der physiologisch- und pathologisch-chemischen Analyse". 10. Aufl. II S. 183. Berlin-Göttingen-Heidelberg: Springer-Verlag 1955.
PIIPER, J.: Pflügers Arch. ges. Physiol. **269**, 182 (1959).
POLICARD, A.: Le poumon. Paris 1955.
RILEY, R. L., and A. COURNAND: J. appl. Physiol. **4**, 77 (1951).
ROSSIER, P. H., A. BÜHLMANN u. K. WIESINGER: Physiologie und Pathophysiologie der Atmung. Berlin-Göttingen-Heidelberg: Springer-Verlag 1956.
ROUGHTON, F. J. W.: Proc. roy. Soc. Edinb. B. **111**, 1 (1932).
— and J. C. KENDREW: Haemoglobin. Cambridge 1949.
— Amer. J. Physiol. **143**, 621 (1945).
— and R. E. FORSTER: J. appl. Physiol. **11**, 290 (1957).
SCHULZ, H.: Die submikroskopische Anatomie und Pathologie der Lunge. Berlin-Göttingen-Heidelberg: Springer-Verlag 1959.
THEWS, G.: Pflügers Arch. ges. Physiol. **265**, 138 (1957).
— Pflügers Arch. ges. Physiol. **265**, 154 (1957).
— Pflügers Arch. ges. Physiol. **268**, 281 (1959).
— Pflügers Arch. ges. Physiol. **268**, 308 (1959).
— u. W. NIESEL: Pflügers Arch. ges. Physiol. **268**, 318 (1959).
VISSER, B. F., and A. H. J. MAAS: Phys. in Med. Biol. **3**, 264 (1959).
VOGEL, H.: Helv. physiol. pharmacol. Acta **5**, 105 (1947).

O$_2$-Austausch in der funktionell inhomogenen Lunge

Von

JOHANNES PIIPER

Mit 8 Abbildungen

Im vorangegangenen Referat hat THEWS den O$_2$-Austausch in einem Lungenelement, bestehend aus einer Capillare und einer Alveole, eingehend besprochen. Wenn alle Elemente der Lunge funktionell gleichartig sind oder — anders ausgedrückt — wenn die Lunge *funktionell homogen* ist, ist der O$_2$-Austausch der ganzen Lunge durch die Kenntnis des O$_2$-Austausches in einem Lungenelement gegeben. Die wirklichen Lungen verhalten sich jedoch meistens nicht wie ein funktionell homogenes Lungenmodell. Ihr Verhalten ist durch ungleichmäßige Verteilung der den O$_2$-Austausch bestimmenden Größen kompliziert; es handelt sich um *funktionell inhomogene* Lungen. Die Fragen der ungleichmäßigen Verteilung sind der Gegenstand dieses Referates. Es erscheint mir unmöglich, in diesem Rahmen die ganze historische Entwicklung und die umfangreiche Literatur über Verteilungsfragen zu berücksichtigen. Deshalb beschränke ich mich auf die Darstellung der *Grundlagen* des O$_2$-Austauschverhaltens der funktionell inhomogenen Lunge. Dabei möchte ich von eigenen experimentellen Befunden ausgehen und die Verteilungsfragen so darstellen, wie sie sich bei der Analyse der Befunde stellten.

In Abb. 1 sind die wichtigsten Ergebnisse einer Versuchsreihe an narkotisierten Hunden dargestellt (5). Untersucht wurde das Verhalten der alveolararteriellen O$_2$-Druckdifferenz in Abhängigkeit vom alveolaren O$_2$-Druckniveau. Die alveolar-arterielle O$_2$-Druckdifferenz, die ja als ein Indicator für die Güte des alveolaren O$_2$-Austausches angesehen werden kann, wird im Mittelpunkt meiner Darstellung stehen. Deshalb möchte ich für dieses allzu lange Wort die gebräuchliche Abkürzung AaD benützen.

Die Mittelwerte der AaD-Werte sind durch die schwarzen Punkte wiedergegeben Wenn die Lunge homogen wäre, müßte die in Hypoxie ($P_{A_{O_2}} = 45$ Torr) gemessene AaD von 6 Torr bei alveolaren O$_2$-Drucken höher als 60—70 Torr prak-

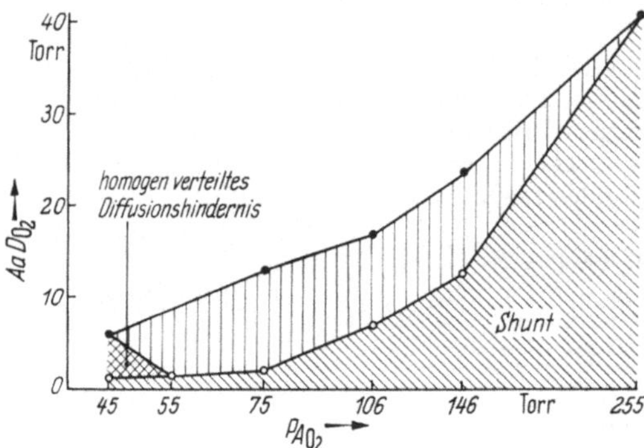

Abb. 1. Die alveolar-arterielle O$_2$-Druckdifferenz (AaD$_{O_2}$) bei verschiedenen alveolaren O$_2$-Druckniveaus ($P_{A_{O_2}}$) nach Messungen an narkotisierten Hunden (5). Schräg schraffiert: der durch Shunt erklärbare Anteil der AaD. Doppelt schraffiert: der durch ein homogen verteiltes Diffusionshindernis erklärbare Anteil der AaD. Senkrecht schraffiert: der durch Shunt und homogen verteilten Diffusionswiderstand nicht erklärbare Anteil der AaD

tisch verschwinden, wie die Diffusionsberechnungen gezeigt haben. Nun können wir versuchen, die restlichen AaD-Werte mit der Annahme einer venösen Beimischung oder *Shunt* zu erklären. Wenn die AaD in der höchsten Hyperoxiestufe ($P_{AO_2} = 255$ Torr) ausschließlich auf einen Shunt zurückgeführt wird, läßt sich der Effekt dieses Shunts auf die AaD bei den anderen O₂-Druckniveaus berechnen. Die so berechnete Shunt-Komponente der AaD ist durch die diagonale Schraffur gekennzeichnet. Es bleibt übrig ein beträchtlicher Anteil der AaD, gekennzeichnet durch senkrechte Schraffur, der mit Shunt und Diffusionsbegrenzung allein nicht erklärt werden kann.

Es gibt nun einen zweiten bekannten Inhomogenitätsfaktor, der eine AaD zu erzeugen vermag: *ungleichmäßige Verteilung der alveolaren Belüftung auf die Lungencapillardurchblutung (6)*, die oft kurz als „Verteilungsstörung" bezeichnet worden ist. Die Grundlagen dieser „Verteilungsstörung" sind in der Abb. 2 erläutert. Es ist jeweils eine Lunge, bestehend aus zwei Alveolen mit den zugehörigen Capillaren als Einheiten, dargestellt. Im Teilbild 1 ist der Fall der gleichmäßigen Verteilung der alveolaren Belüftung ($\dot{V}_A$) auf die Durchblutung ($\dot{V}_b$) dargestellt.

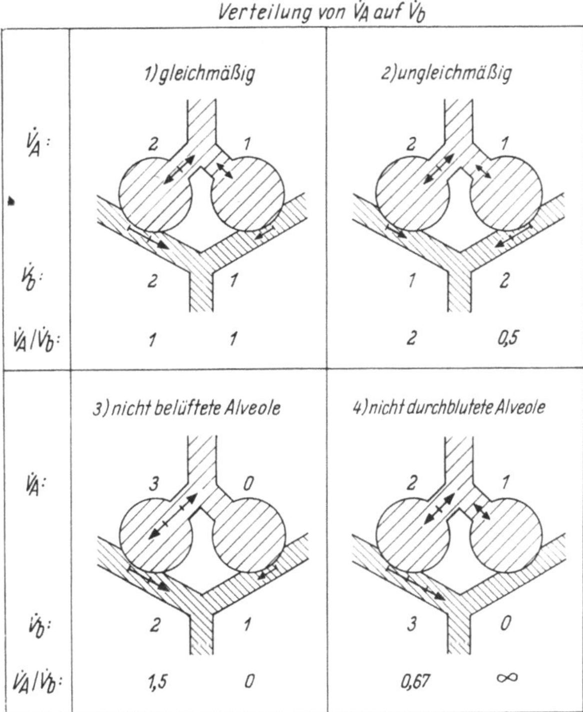

Abb. 2. Schematische Darstellungen der verschiedenartigen Verteilung der alveolaren Belüftung ($\dot{V}_A$) auf die Lungendurchblutung ($\dot{V}_b$). Die Länge der Pfeile und die beiliegenden Zahlenwerte kennzeichnen die Größe der Belüftung bzw. der Durchblutung (in willkürlichen Einheiten)

Die linke Alveole enthält die Belüftung von 2 Einheiten, gleichzeitig auch die Durchblutung von 2 Einheiten. Die rechte Alveole bekommt je eine Einheit Belüftung und Durchblutung. Also ist das Belüftungs-Durchblutungs-Verhältnis $\dot{V}_A/\dot{V}_b$ für beide Alveolen gleich groß. Im Teilbild 2 ist die Verteilung der Belüftung auf die Durchblutung ungleichmäßig. Die linke Alveole erhält 2 Einheiten Belüftung und 1 Einheit Durchblutung, das Belüftungs-Durchblutungs-Verhältnis ist 2. Die rechte Alveole erhält 1 Einheit Belüftung und 2 Einheiten Durchblutung, also ist das Belüftungs-Durchblutungs-Verhältnis 0,5. Im Teilbild 3 ist ein Extremfall ungleichmäßiger Verteilung von Belüftung auf Durchblutung dargestellt. Die rechte Alveole erhält keine Belüftung, wird aber durchblutet. Das Belüftungs-Durchblutungs-Verhältnis ist 0. Die Durchblutung einer solchen Alveole stellt bei Luftatmung eine Kurzschlußdurchblutung, Shunt oder venöse Beimischung dar. Im Fall 4 ist das andere Extrem dargestellt: die eine Alveole erhält keine Durchblutung, ist aber belüftet. Die Belüftung dieser Alveole ist eine alveolare Totraumbelüftung, denn in dieser Alveole kann kein Gasaustausch stattfinden. Das Belüftungs-Durchblutungs-Verhältnis beträgt hier ∞.

In all den hier dargestellten Fällen wird Fehlen jeglichen Diffusionswiderstandes angenommen. Da eine Diffusionsbegrenzung fehlt, muß in all den Fällen in jeder Alveole ein vollkommener O_2-Druckausgleich zwischen Luft und Blut erfolgen. Der alveolare O_2-Druck, der hier gleich dem arteriellen O_2-Druck ist, hängt — ceteris paribus — von dem Belüftungs-Durchblutungs-Verhältnis ab. Im Fall 1 sind also der alveolare und arterielle O_2-Druck links und rechts gleich und somit auch gleich dem O_2-Druck in der gemischten Alveolarluft und in dem gemischten arteriellen Blut. In allen anderen Fällen sind die O_2-Drucke in der linken und rechten Alveole verschieden, weil die Belüftungs-Durchblutungs-Verhältnisse verschieden sind. Die Mischung jeweils verschieden großer Anteile auf der Luft- und auf der Blutseite hat zur Folge, daß der O_2-Druck in der gemischten Alveolarluft nicht gleich dem O_2-Druck im gemischten arteriellen Blut ist, sondern höher liegt: für die Gesamtlunge besteht also eine AaD. Dementsprechend ist der O_2-Austausch in diesen Fällen gegenüber dem Idealfall 1 eingeschränkt: im Fall 2 geringfügig, entsprechend dem kleinen Unterschied im Belüftungs-Durchblutungs-Verhältnis, in den Fällen 3 und 4 stärker, da hier die Unterschiede im Belüftungs-Durchblutungs-Verhältnis groß sind.

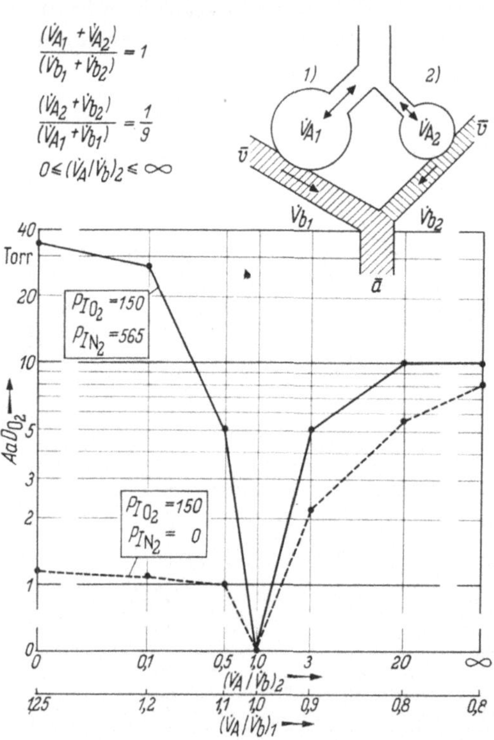

Abb. 3. Berechnete Werte der alveolar-arteriellen O_2-Druckdifferenz (AaD_{O_2}), verursacht durch ungleichmäßige Verteilung der alveolaren Belüftung ($\dot{V}_A$) auf die Lungendurchblutung ($\dot{V}_b$). Oben: das Modell und die Bedingungen, für die die AaD-Werte berechnet wurden. Abszisse: Belüftungs-Durchblutungs-Verhältnis in den beiden Abteilungen des Lungenmodells. Ausgezogene Kurve: AaD-Werte für Luftatmung ($P_{IO_2} = 150$, $P_{IN_2} = 565$ Torr). Gestrichelte Kurve: AaD-Werte für O_2-Atmung bei erniedrigtem Gesamtdruck ($P_{IO_2} = 150$, $P_{IN_2} = 0$ Torr)

In der Abb. 3 ist die Auswirkung einer ungleichmäßigen Verteilung von Belüftung auf Durchblutung auf den O_2-Druckausgleich an einem Modell dargestellt (2). Die Gesamtbelüftung und die Gesamtdurchblutung der Lunge sind konstant gehalten, ebenso wie die Zusammensetzung des venösen Mischblutes und der Einatmungsluft. Die rechte Abteilung stellt 10% der Gesamtlunge dar, und zwar so, daß die Summe von Belüftung und Durchblutung dieser Abteilung 10% der Summe von Gesamtbelüftung und Gesamtdurchblutung ausmacht. Das Belüftungs-Durchblutungs-Verhältnis der kleineren Abteilung wird zwischen

0 und ∞ variiert. Auf der Ordinate ist die resultierende AaD für O$_2$ dargestellt.

Der Punkt bei Belüftungs-Durchblutungs-Verhältnis = 1 stellt den Fall gleichmäßiger Verteilung von Belüftung auf Durchblutung dar: eine AaD fehlt. Nach links und nach rechts von diesem Punkt vergrößert sich der Unterschied im Belüftungs-Durchblutungs-Verhältnis und dementsprechend auch die AaD. Bei Bewegung nach rechts bekommt die kleinere Abteilung progressiv mehr Belüftung und weniger Durchblutung. Bei Belüftungs-Durchblutungs-Verhältnis $= \infty$ wirkt die Belüftung der kleineren Abteilung als alveolare Totraumbelüftung oder Luftshunt und bewirkt eine AaD von 10 Torr. Nach links vermindert sich das Belüftungs-Durchblutungs-Verhältnis der kleineren Abteilung bis zum Wert 0. Das ist der Fall der Durchblutung unbelüfteter Alveolen; bei Luftatmung wirkt diese als Shunt und bedingt eine AaD von 34 Torr in diesem Modellfall.

Mit der gestrichelten Linie ist das Verhalten der AaD für das gleiche Modell nach Elimination des Stickstoffs aus der Einatmungsluft dargestellt. Und zwar wird die Elimination des Stickstoffes so durchgeführt, daß der O$_2$-Druck in der Einatmungsluft (und in der Alveolarluft) unverändert bleibt, der Gesamtdruck aber auf etwa ein Viertel reduziert wird. Es ist ersichtlich, daß im N$_2$-losen Zustand die Auswirkungen der Verteilungsstörung auf die AaD stark vermindert sind. Diesen zuerst von FAHRI und RAHN (1) theoretisch abgeleiteten Effekt der N$_2$-Elimination versuchten wir experimentell an narkotisierten Hunden nachzuweisen (2). Die experimentellen Bedingungen sind in der Abb. 4 veranschaulicht. Es wurden also die AaD-Werte vergleichend in zwei Zuständen an denselben Versuchstieren gemessen: 1. bei Luftatmung beim normalen Luftdruck; 2. bei Sauerstoffatmung beim erniedrigten barometrischen Druck von 192 Torr in einer Unterdruckkammer. Dieser Druck wurde so gewählt, daß der O$_2$-Partialdruck in der Alveolarluft dabei etwa gleich groß wie bei Luftatmung unter Normaldruck war. Der Unterschied zwischen den beiden Zuständen lag im Vorhandensein bzw. Fehlen des Stickstoffes. Wenn ein wesentlicher Teil der bei Luftatmung gemessenen AaD von 14 Torr auf einer Verteilungsstörung beruht hätte, hätte sich die AaD bei O$_2$-Atmung bei Unterdruck erheblich verkleinern müssen. Tatsächlich wurde jedoch im Mittel von 22 Versuchen keine Änderung der AaD gesehen: die Differenz der AaD-Werte war mit 1 $\pm$ 1 Torr nicht signifikant. Dieses Ergebnis war für uns überraschend, denn danach konnte die Komponente der AaD, die durch Shunt und Diffusionsbegrenzung nicht erklärbar war, mit einer ungleichmäßigen Verteilung der Belüftung auf die Durchblutung auch nicht erklärt werden.

Bei der Suche nach weiteren Erklärungsmöglichkeiten wurde die Auswirkung einer möglichen ungleichmäßigen Verteilung der Diffusionsbedingungen in der

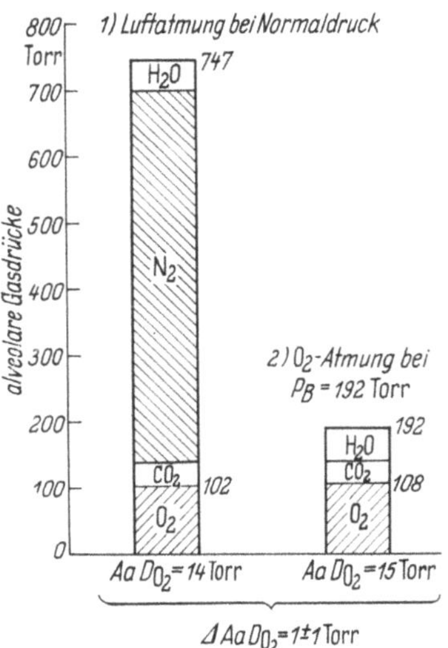

Abb. 4. Alveolare Gasdrucke bei den Versuchen zum Nachweis der durch die ungleichmäßige Verteilung der alveolaren Belüftung auf die Durchblutung bedingten Komponente der alveolar-arteriellen O$_2$-Druckdifferenz (s. Text)

Lunge in Betracht gezogen. VISSER und MAAS (8) sind unseres Wissens die ersten, die diesen Ungleichmäßigkeitsfaktor theoretisch quantitativ untersucht haben. Ebenso wie diese Autoren betrachteten auch wir die ungleichmäßige Verteilung des *Diffusionsfaktors DF* (= *Diffusionskapazität*) auf die Lungencapillardurchblutung $\dot{V}_b$ bzw. *die Streuung des Diffusionsfaktor-Durchblutungsverhältnisses* (3).

Das Prinzipielle soll an Hand der Abb. 5 erläutert werden.

In der Lunge im Teilbild 1 sind die beiden Abteilungen ungleich, was die Größen, Belüftung, Durchblutung und Diffusionsfaktor betrifft, jedoch sind die Quotienten Belüftung/Durchblutung und Diffusionsfaktor/Durchblutung für beide Abteilungen gleich. Es kann gezeigt werden, daß — ceteris paribus — das Diffusionsfaktor-Durchblutungs-Verhältnis für die Vollständigkeit des O_2-Druckausgleichs zwischen der Alveolarluft und dem Capillarblut bestimmend ist. Da die Belüftung und der Diffusionsfaktor in dieser Lunge gleichmäßig auf die Durchblutung verteilt sind, sind die O_2-Druckwerte in der Alveolarluft und im endcapillaren Blut in den beiden

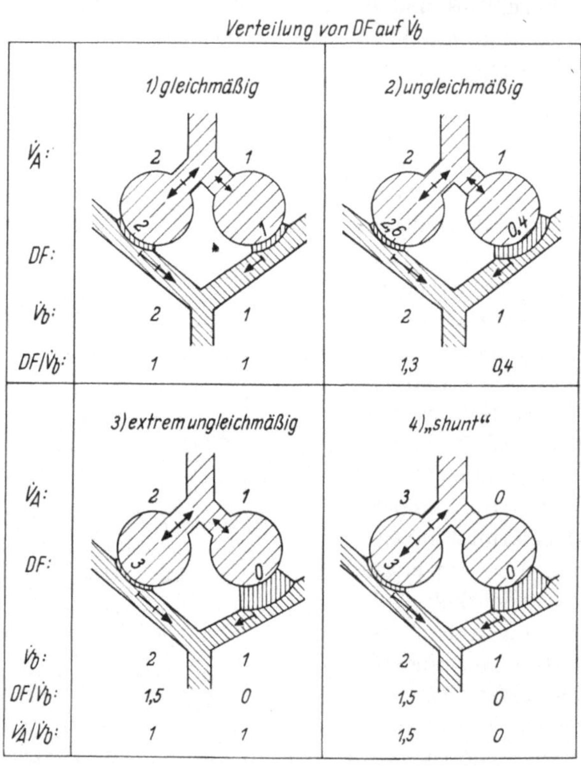

Abb. 5. Schematische Darstellung der verschiedenartigen Verteilung des Diffusionsfaktors (*DF*) auf die Lungendurchblutung ($\dot{V}_b$). Die Dicke der engschraffierten Trennschicht zwischen der Alveole und der Capillare stellt qualitativ die Größe des Diffusionswiderstandes (= Kehrwert des Diffusionsfaktors) dar. Die Zahlen kennzeichnen die Größe der Belüftung, des Diffusionsfaktors und der Durchblutung (in willkürlichen Einheiten)

Abteilungen gleich. Es tritt aber eine AaD auf, die Diffusionskomponente der AaD, die bekanntlich in Hypoxie beträchtlich zunimmt bzw. erst überhaupt meßbar wird.

Im Teilbild 2 sind der Gesamt-Diffusionsfaktor und die Gesamt-Durchblutung gleich wie im 1. Teilbild, sie sind aber nicht einander proportional zugeordnet. Das Diffusionsfaktor-Durchblutungs-Verhältnis ist in den beiden Lungenabteilungen voneinander verschieden. Berechnungen zeigen, daß im Falle einer ungleichmäßigen Verteilung des Diffusionsfaktors auf die Durchblutung die Gesamt-AaD größer ist als bei gleichmäßiger Verteilung des Diffusionsfaktors auf die Durchblutung. Sofort einleuchtend ist das bei dem Extremfall, der im Teilbild 3 dargestellt ist. Hier ist der ganze Diffusionsfaktor der einen Abteilung zugeordnet. Die andere Abteilung hat den Diffusionsfaktor 0, d. h., einen unendlich hohen

Diffusionswiderstand für O_2. Infolgedessen kann in dieser Abteilung kein O_2-Austausch stattfinden. Die Belüftung dieser Abteilung ist ein Luft-Shunt, ihre Durchblutung ein Blut-Shunt. Um von diesem Fall des kombinierten Luft- und Blut-Shunt zum reinen Blut-Shunt zu kommen, brauchen wir nur die Belüftung der Shunt-Abteilung wegzudenken. Das ist geschehen in der Lunge im Teilbild 4. Damit haben wir aber auch eine Situation geschaffen, in der wir nicht nur eine ungleichmäßige Verteilung des Diffusionsfaktors auf die Durchblutung haben,

sondern dazu noch eine ungleichmäßige Verteilung der Belüftung auf die Durchblutung. Es sei bemerkt, daß in allen anderen Fällen in dieser Abbildung die Verteilung der Belüftung auf die Durchblutung gleichmäßig war.

In der Abb. 6 sind die berechneten Auswirkungen der ungleichmäßigen Verteilung des Diffusionsfaktors auf die Durchblutung auf das alveolar-arterielle O_2-Druck-Defizit dargestellt (3). Beim Modell, für das die Berechnungen durchgeführt wurden, handelt es sich wieder um eine Lunge, die aus zwei Abteilungen besteht, deren eine nur 10% der Durchblutung erhält. Die Gesamtgröße des Diffusionsfaktors bleibt gleich, seine Verteilung auf die beiden Abteilungen wird aber so variiert, daß das Verhältnis Diffusionsfaktor zu Durchblutung in der kleineren Abteilung von einem Wert gleich wie in der größeren Abteilung bis auf 0 progressiv reduziert wird. Der verkleinerte Diffusionsfaktor wird durch die dickere Diffusionsbarriere im Bild gekennzeichnet.

Auf der Abscisse der Abb. 6 sind die Werte des Diffusionsfaktor-Durchblutungs-Verhältnisses für die beiden Abteilungen aufgetragen, in 10^{-3} ml O_2 pro ml Blut

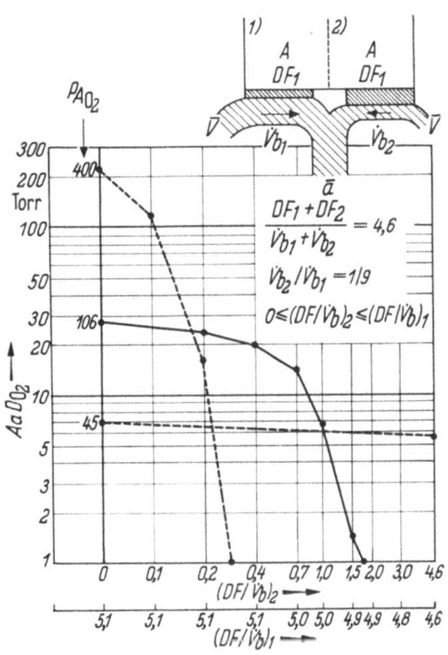

Abb. 6. Berechnete Werte der alveolar-arteriellen O_2-Druckdifferenz (AaD$_{O_2}$) bei ungleichmäßiger Verteilung des Diffusionsfaktors (DF) auf die Lungendurchblutung ($\dot{V}_b$). Oben: das Modell und die Bedingungen, für die die AaD-Werte berechnet wurden. Abszisse: Diffusionsfaktor-Durchblutungs-Verhältnis (in 10^{-3} ml O_2/ml Blut · Torr) in den beiden Abteilungen des Lungenmodells. Eingetragen sind Kurven für AaD$_O$, für 3 verschiedene alveolare O_2-Druckniveaus (P_{AO_2})

und Torr. Der Punkt 4,6 entspricht der gleichmäßigen Verteilung des Diffusionsfaktors auf die Durchblutung. Nach links steigt die Ungleichmäßigkeit der Verteilung progressiv. Auf der Ordinate sind die AaD-Werte in Torr aufgetragen. Jede Kurve ist für den gekennzeichneten alveolaren O_2-Druck berechnet. Man erkennt, daß die AaD-Werte bei zunehmender Ungleichmäßigkeit in der Verteilung des Diffusionsfaktors auf die Durchblutung zunehmen. Die Art und Größe der Zunahme der AaD hängt stark vom alveolaren O_2-Druckniveau ab. Damit im Falle von Luftatmung, entsprechend dem alveolaren O_2-Druck von 106 Torr, eine meßbare AaD, d. h. größer als 1 Torr, auftritt, muß der Grad der Ungleichmäßgikeit in der Verteilung des Diffusionsfaktors auf die Durchblutung einen bestimmten Mindestwert erreicht haben, und zwar so, daß das Diffusionsfaktor-Durchblutungs-Verhältnis in der kleineren Abteilung 1,8, in der größeren Abteilung etwa 4,9 beträgt. Bei total fehlender Diffusionsfähigkeit in der kleineren Abteilung tritt eine AaD von 28 Torr auf.

Wir versuchten nun, die beobachteten AaD-Werte, in Verbindung mit anderen Meßwerten, auf Grund einer ungleichmäßigen Verteilung des Diffusionsfaktors auf die Durchblutung zu erklären. Dieser Erklärungsversuch erwies sich tatsächlich als gangbar (5).

Die beobachteten AaD-Werte konnten quantitativ mit der Annahme des folgenden funktionellen Modells erklärt werden: Etwa 2% der Durchblutung stellen eine Kurzschlußdurchblutung dar (die als ein Extremfall einer ungleichmäßigen Verteilung des Diffusionsfaktors auf die Durchblutung angesehen werden kann, mit Diffusionsfaktor gleich 0). Etwa 13% der Durchblutung gehen zu einer funktionellen Abteilung, deren Diffusionsfaktor nur 2% des Gesamtdiffusionsfaktors ausmacht. Die schlechten Diffusionsbedingungen in dieser Abteilung sind die Ursache für das Auftreten der relativ großen AaD-Werte bei normalen alveolaren O_2-Druckwerten. Die restliche Lunge, die 85% der Durchblutung erhält, hat einen so großen Diffusionsfaktor, daß hier eine diffusionsbedingte AaD erst bei alveolaren O_2-Drucken unter 55 Torr auftreten kann.

Unsere Befunde bzw. deren Interpretation, wonach beim liegenden narkotisierten Hund die ungleichmäßige Verteilung der Belüftung auf die Durchblutung bei der Entstehung der AaD keine Rolle spielt, dienten in diesem Referat dazu, die zweite Art der Verteilungsstörung — die ungleichmäßige Verteilung des Diffusionsfaktors auf die Durchblutung — herauszustellen. In vielen pathogischen Zuständen, aber auch schon beim gesunden Menschen mit aufgerichtetem Thorax spielt die ungleichmäßige Verteilung der Belüftung auf die Durchblutung bestimmt eine wichtige Rolle. Zeigen doch neuere Befunde [z. B. Riley u. a. (7), West u. Dollery (9)], daß bei aufgerichtetem Thorax bei normalen, ruhenden Menschen die oberen Lungenlappen nur minimal durchblutet sind, während ihre Belüftung etwa gleichmäßig auf die oberen und die unteren Lungenabschnitte verteilt ist. West u. Dollery (9) schätzen die aus dieser Verteilungsstörung resultierende AaD-Komponente bei Luftatmung auf 4 Torr. Welche Bedeutung der zweiten hier dargestellten Verteilungsstörung, der ungleichmäßigen Verteilung des Diffusionsfaktors auf die Durchblutung, in der menschlichen Physiologie und Pathologie zukommt, läßt sich noch nicht übersehen.

Wir haben versucht, die beiden hier behandelten Arten von ungleichmäßiger Verteilung zu einem einheitlichen, leicht überschaubaren Gesamtbild zusammenzufassen (4). In der Darstellung in der Abb. 7 ist das Belüftungs-Durchblutungs-Verhältnis auf der Abscisse, das Diffusionsfaktor-Durchblutungs-Verhältnis auf der Ordinate aufgetragen. Da beide Verhältniszahlen in den Grenzen von 0 bis ∞ verändert werden, sind in dem Feld, in dem „$\dot{V}_A/\dot{V}_b — DF/\dot{V}_b$ - *Verteilungsfeld*", alle möglichen Kombinationen dieser Verhältniszahlen enthalten. Einige markante Punkte des „Verteilungsfeldes" sind hier mit einem Belüftungs-Diffusionswiderstands-Durchblutungs-Schema besonders gekennzeichnet.

Auf der oberen Grenze des Feldes in der Mitte ist eine „ideale" Alveole dargestellt, mit einem normalen Durchblutungs-Belüftungs-Verhältnis und ohne Diffusionswiderstand. Wenn die ganze Lunge diesem Zustand entspricht, ist der O_2-Druckausgleich zwischen der Alveolarluft und dem Lungencapillarblut vollständig, und es gibt keine AaD. Eine ungleichmäßige Verteilung der Belüftung auf die Durchblutung bei fehlendem Diffusionswiderstand würde als eine Streuung auf der oberen Grenze des Feldes erscheinen. Die Extremfälle sind belüftete, nicht durchblutete Alveolen oder Luftshunt mit dem Belüftungs-Durchblutungs-Verhältnis unendlich und unbelüftete durchblutete Alveolen mit dem Belüftungs-Durchblutungs-Verhältnis 0. Der letzte Fall wird hier als „bedingter Blutshunt" bezeichnet. Bei Luftatmung wirken solche unbelüftete durchblutete Alveolen wie ein Shunt: die Alveolarluft nimmt die dem venösen Mischblut entsprechende Zusammensetzung an und daher erfolgt kein Gasaustausch mehr. Bei Atmung reinen Sauerstoffs dagegen wird O_2 in solchen Alveolen über den Mechanismus der „Diffusionsatmung" aufgenommen.

Eine normale Alveole — normal sowohl bezüglich des Belüftungs-Durchblutungs-Verhältnisses als auch bezüglich des Diffusionsfaktor-Durchblutungs-Verhältnisses — ist in der Mitte des Feldes dargestellt. Wenn die ganze Lunge homogen ist und diesem Zustand entspricht, tritt eine AaD auf, besonders in der Hypoxie. Diese AaD ist die sogenannte Diffusionskomponente der AaD.

Wenn der Diffusionsfaktor ungleichmäßig auf die Durchblutung verteilt ist, handelt es

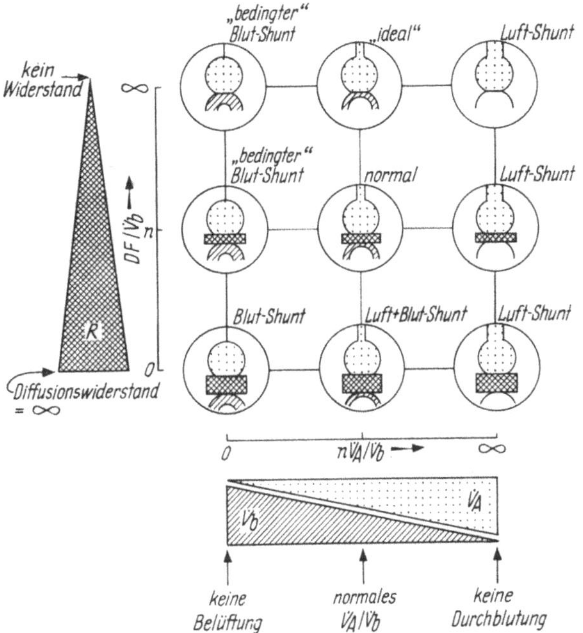

Abb. 7. Das „$\dot{V}_A/Vb/\dot{V}F/\dot{V}b$-Verteilungsfeld", eine Übersichtsdarstellung der Verteilungsungleichmäßigkeiten in der Lunge. Abszisse: Belüftungs-Durchblutungs-Verhältnis ($\dot{V}_A/\dot{V}b$). Ordinate: Diffusionsfaktor-Durchblutungs-Verhältnis ($DF/\dot{V}b$). Der Keil links neben der Ordinatenskala kennzeichnet den Diffusionswiderstand. In den schematischen Darstellungen der Lunge ist die Größe der Belüftung bzw. der Durchblutung durch die Dicke des „Bronchus" bzw. der „Capillare", die Größe des Diffusionswiderstandes R ($= 1/DF$) durch die Dicke der Trennschicht gekennzeichnet

sich im „Verteilungsfeld" um eine Streuung in der Ordinatenrichtung. Der Extremfall von Luft- und Blut-Shunt wurde schon erwähnt. Die ganze untere Grenze des Feldes ist dadurch ausgezeichnet, daß der Diffusionswiderstand gleich ∞ ist und deshalb kein Gasaustausch möglich ist. Verschiebungen entlang der unteren Grenze verändern lediglich das Verhältnis Luft-Shunt zu Blut-Shunt. In der linken unteren Ecke befindet sich der reine Blut-Shunt, mit dem Belüftungs-Durchblutungs-Verhältnis 0, in der rechten unteren Ecke ist der reine Luft-Shunt, mit dem Belüftungs-Durchblutungs-Verhältnis ∞.

Auf der rechten Grenze des Feldes fehlt die Durchblutung, die Belüftung ist alveolare Totraumbelüftung oder Luft-Shunt, ganz unabhängig von der Größe des Diffusionswiderstandes. Bei den Zuständen, die auf der linken Grenze des Feldes dargestellt sind, fehlt die Belüftung. Hier ist die Größe des Diffusionswiderstandes nicht gleichgültig. Wenn der absolute Blut-Shunt immer als ein

Kurzschluß wirkt, hat ein „bedingter Shunt" bei Atmung reinen Sauerstoffs beinahe keine Wirksamkeit auf die AaD, wohl aber bei Atmung von Zimmerluft.

Es folgt aus dieser Darstellung, daß das Verhalten der Lunge beim alveolaren Gasaustausch von der Art der *Häufigkeitsverteilung* der Alveolen oder Lungenelemente in dem „Verteilungsfeld" bestimmt wird. Beim normalen Menschen fällt wahrscheinlich die große Mehrzahl der Lungenelemente in einen relativ engen Bereich um den Normalpunkt. Bei bestimmten Lungenkrankheiten ist die Streuung größer, wobei auch Extremfälle, die auf den Grenzen des Verteilungsfeldes dargestellt sind, häufiger realisiert sein mögen.

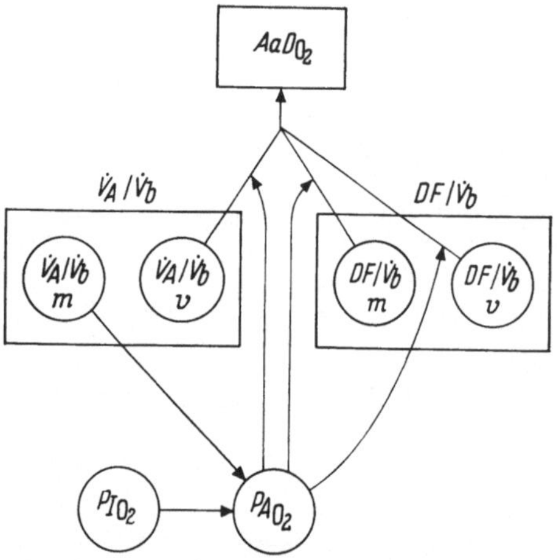

In der Abb. 8 findet sich eine schematische Darstellung des Zustandekommens der AaD. Es gibt danach vier Faktoren, die eine AaD erzeugen bzw. modifizieren können. Es sind zwei Faktoren, die das Parameter Belüftungs-Durchblutungs-Verhältnis betreffen, und zwar die Größe und die Streuung des Belüftungs-Durchblutungs-Verhältnisses. Ebenso hat das Parameter Diffusionsfaktor-Durchblutungs-Verhältnis die Eigenschaften Größe und Streuung. Um Anschluß an das übliche Drei-Faktoren-Schema der AaD-Analyse zu bekommen: Streuung des $\dot{V}_A/\dot{V}_b$-Verhältnisses ist der „Verteilungsfaktor", die Größe des $DF\text{-}\dot{V}_b$-Verhältnisses ist der „Diffusionsfaktor", während der „Shuntfaktor" einem Spezialfall der Streuung des $DF\text{-}\dot{V}_b$-Verhältnisses entspricht. Alle diese drei Faktoren können jeder für sich einzeln eine AaD verursachen. Nähere Analyse an Hand des „Verteilungsfeldes" (Abb. 7) zeigt, daß die Wirkung dieser drei Faktoren auf die AaD als eine gemeinschaftliche Wirkung aufzufassen ist: es ist nicht ohne weiteres möglich, die Gesamt-AaD additiv aus Komponenten, die durch je einen von diesen Faktoren bedingt sind, zusammenzusetzen. Diese gemeinschaftliche Wirkung ist hier durch konvergierende Pfeile ausgedrückt.

Die Größe des $\dot{V}_A/\dot{V}_b$-Verhältnisses wirkt auf die AaD nur dadurch, daß sie den alveolaren O_2-Druck beeinflußt und dieser den Effekt der anderen drei Faktoren auf die AaD modifiziert. Ähnliche Effekte lassen sich durch Änderungen des O_2-Druckes in der Einatmungsluft erzielen.

Abschließend möchte ich darauf hinweisen, daß das in diesem Referat dargestellte Schema der Analyse des alveolaren O_2-Austausches auf bestimmten vereinfachenden Voraussetzungen beruht und deshalb *nicht alle* möglichen Inhomogenitätsfaktoren berücksichtigt. Insbesondere wird vorausgesetzt, daß alle Alveolen gleichzeitig — mit der gleichen *Zeitkonstanten* — ausatmen und so einen ihrer Belüftung proportionalen Anteil der endexspiratorischen gemischten Alveolar-

Abb. 8. Schematische Darstellung der Entstehung der alveolar-arteriellen O_2-Druckdifferenz (AaD_{O_2}) durch Zusammenwirken der einzelnen Faktoren: $m - \dot{V}_A/\dot{V}_b$ = Mittelwert des Belüftungs-Durchblutungs-Verhältnisses, $m - DF/\dot{V}_b$ = Mittelwert des Diffusionsfaktor-Durchblutungs-Verhältnisses, $v - \dot{V}_A/\dot{V}_b$ = Streuung des Belüftungs-Durchblutungs-Verhältnisses, $v - DF/\dot{V}_b$ = Streuung des Diffusionsfaktor-Durchblutungs-Verhältnisses

luft beisteuern. Eine Variation der Ausatmungszeitkonstanten in Verbindung mit ungleichmäßiger Verteilung der alveolaren Belüftung und des Diffusionsfaktors auf die Durchblutung stellt eine weitere Dimension der funktionellen Inhomogenität der Lunge dar. Fragen der Unterschiede in der Ausatmungszeitkonstanten behandelt ULMER in seinem Beitrag zu diesem Band.

Literatur

1. FARHI, L. E., and H. RAHN: J. appl. Physiol. 7, 699 (1955).
2. HAAB, P., J. PIIPER and H. RAHN: J. appl. Physiol. 15, 235 (1960).
3. PIIPER, J.: J. appl. Physiol. 16, 493 (1961).
4. — J. appl. Physiol. 16, 507 (1961).
5. — P. HAAB and H. RAHN: J. appl. Physiol. 16, 499 (1961).
6. RAHN, H.: Amer. J. Physiol. 158, 21 (1949).
7. RILEY, R. L., S. PERMUTT, S. SAID, M. GODFREY, T. O. CHENG, J. B. HOWELL and R. H. SHEPARD: J. appl. Physiol. 14, 339 (1959).
8. VISSER, B. F., and A. H. J. MAAS: Phys. in Med. Biol. 3, 264 (1959).
9. WEST, J. B., and C. T. DOLLERY: J. appl. Physiol. 15, 405 (1960).

(Aus dem Physiologischen Institut der Universität Tübingen)

Möglichkeiten zur Beurteilung des Gasaustausches auf Grund neuerer Erkenntnisse

Von

H. Bartels und W. Moll

Mit 4 Abbildungen

Die Aufgabe meines Referates sehe ich darin, zu untersuchen, welche Möglichkeiten der Beurteilung des alveolaren Gasaustausches wir bisher hatten, welche neuen Möglichkeiten in jüngerer Zeit dazu gekommen sind und in welchem Licht jetzt die älteren Verfahren gesehen werden müssen.

Eine solche Betrachtung über den Informationswert von Methoden muß meines Erachtens von zwei Gesichtspunkten ausgehen:

1. Beurteilung des Gasaustausches der Lunge im Hinblick auf eine maximale Information;

2. Beurteilung des Gasaustausches der Lunge im Hinblick auf eine Diagnose und evtl. Therapie.

Der erste Gesichtspunkt soll hier im Mittelpunkt stehen.

Für alle praktisch Tätigen ist der zweite Gesichtspunkt von großer Bedeutung, und ich möchte Mißverständnissen, die solche Spezialistentagungen oft hervorrufen, vorbeugen. Es entsteht häufig der Eindruck, daß jemand, der nicht auf der Basis der bei solchen Gelegenheiten mitgeteilten neuesten Erkenntnisse oder Anschauungen arbeitet, rückständig sei. Es ist mir aber ein Anliegen, darauf hinzuweisen, daß wir durchaus für die praktische Anwendung Kompromisse billigen, daß für den Untersucher und den Untersuchten einfachere, zeitsparendere, risikolosere Zwischenlösungen häufig sogar anzustreben sind.

Für den Physiologen ist meistens die maximale Information erforderlich, für den Kliniker nur in wenigen Fällen.

Welche Meßgrößen stehen nun heute zur Beurteilung des alveolaren Gasaustausches zur Verfügung? Im Mittelpunkt steht mehr denn je die Diffusionskapazität, der *Diffusionsfaktor* für O_2; hinzukommt die Bestimmung der *Kurzschlußdurchblutung der Lunge* und die Abschätzung über die Größe von *Verteilungsstörungen*.

Der *Diffusionsfaktor* sagt nach bisheriger Definition aus, wieviel Sauerstoff pro Einheit wirksamer alveolar-capillarer O_2-Druckdifferenz in der Lunge aufgenommen werden kann. Nach alter Auffassung ist DF_{O_2} der reziproke Wert des Diffusionswiderstandes der alveolar-capillaren Membran. Wenn wir die Größe bei einem bestimmten Hypoxiegrad bestimmen und pro m^2 Körperoberfläche angeben, macht sie eine brauchbare Angabe über die Diffusionsverhältnisse. Sie ist erniedrigt, wenn die Austauschfläche reduziert ist, wenn der Diffusionsweg vergrößert oder die Durchlässigkeit des Diffusionsweges für O_2 verringert ist. Die Meßgröße kann also lokale Diffusionsstörungen, wenn sie groß genug sind, anzeigen und bei an sich normalen Diffusionsverhältnissen im einzelnen Lungenelement eine Verminderung der funktionierenden Einheiten anzeigen. Der Diffusionsfaktor bleibt unverändert, wenn *allein* die Kontaktzeit verkürzt ist.

Die bisherigen Betrachtungen fußten streng auf der Bohrschen Lokalisation der Diffusionswiderstände und ihrer meßtechnischen Ermittlung. Innerhalb der letzten 10 Jahre hat man nun aber erheblich genauere Aufschlüsse und andere Vorstellungen über die Lokalisation der Diffusionswiderstände in der Lunge erhalten. Vor allem die Untersuchungen von KREUZER (*1*), ROUGHTON u. Mitarb. (*2*), FORSTER (*3*), MOCHIZUKI (*4*) sowie THEWS (*5*) haben ergeben, daß die Diffusion im Erythrocyten erheblich langsamer vor sich geht als ursprünglich angenommen wurde. Darüber hat THEWS (*6*) ausführlich berichtet. Hier soll nun untersucht werden, welche Konsequenzen die neueren Untersuchungen für den Aussagewert des Diffusionsfaktors haben.

Es muß festgestellt werden, daß die zu ermittelnden Meßgrößen die gleichen geblieben sind, d. h. daß wir meßtechnisch z. Z. keinen neuen Zugang zu dem Problem haben. Lediglich das Zustandekommen der Meßwerte und ihre Auswertung wird z. T. anders zu beurteilen sein.

Die Ausführungen von THEWS will ich in folgender einfacher Weise für das praktische Vorgehen ausmünzen. Man kann von der alten Vorstellung, daß

$$\mathrm{DF}_{O_2} = \frac{F \cdot K}{d} = \frac{\dot{V}_{O_2}}{\Delta P}$$

ausgehen. Es ist durch die neuen Ergebnisse lediglich erforderlich, folgende Erweiterungen einzuführen. Die Austauschfläche F bedeutet über die Fläche der alveolar-capillaren Membran hinaus auch zu durchschreitende Oberflächen *innerhalb* der Capillare, besonders diejenigen der roten Zellen; d bedeutet über die Dicke der alveolar-capillaren Membran hinaus auch die Diffusionswege in Plasma und Erythrocyten. K bedeutet nicht nur die Diffusionsleitfähigkeit innerhalb der alveolar-capillaren Membran, sondern die Kombination der Leitfähigkeit innerhalb der verschiedenen Diffusionsmedien. Wenn auch praktisch aus mathematisch-technischen Gründen anders vorgegangen wird, so bietet doch diese Darstellung den tatsächlich richtigen Zugang zum Verständnis.

Außer den genannten Eigenschaften der *Lungenmembran* bestimmen demnach auch Eigenschaften des Blutes die Größe der Diffusionskapazität. Diese Eigenschaften sind: Hämatokritwert (entspricht bei konstanter Zelldicke der Austauschfläche der Erythrocyten), Leitfähigkeit der Erythrocyten (durch Hb-Konzentration im Ery bestimmt), Erythrocytenform (beeinflußt Diffusionsweg und -fläche). Praktisch kann also bei völlig intakter Lungenmembran durch eine Blutkrankheit die Diffusionskapazität verändert sein. Oder umgekehrt eine Abnahme von DF_{O_2} kann nur nach Ausschluß einer Bluterkrankung auf eine Membranfunktionsstörung bezogen werden.

Den Einfluß der Blutkomponente haben MOCHIZUKI et al. (*7*) an Hunden zu zeigen versucht (Abb. 1). Mit abnehmender Erythrocytenzahl sinkt DF_{O_2}. RANKIN, McNEILL und FORSTER (*8*) haben mit Atemanhalte-Technik bei schweren Anämien ohne Lungenkomplikationen deutliche Erniedrigungen von D_{LCO} gefunden. Die Werte stiegen im Laufe der Therapie an. Ausführlich berichten Riegel, Hilpert und Moll (9) hierüber.

Ich halte es für wichtig, nun das praktische Vorgehen zur Bestimmung von DF_{O_2} sowohl nach Bohr wie nach Thews zu besprechen.

Für beide Verfahren sind wie oben angeführt die gleichen Meßgrößen erforderlich, und die Messungen müssen unter den gleichen Bedingungen vorgenommen werden. Das heißt, bei Hypoxie müssen p_{O_2}, $p_{O_2\,a}$, $\dot{V}_{O_2}$ und evtl. $p_{O_2\,\bar{v}}$ gewonnen werden. Die benötigte mittlere alveolar-capillare O_2-Druckdifferenz erfordert die Berechnung von $p_{C'O_2}$. Hinreichend genau kann dieser Wert nur nach Bestimmungen der Kurzschlußdurchblutung ermittelt werden. Hierzu wird man bei 40—60% O_2 in der Inspirationsluft die AaD bestimmen und mit angenommener oder gemessener AVD_{O_2} die Shuntgröße berechnen. Veränderungen des prozentualen Kurzschlußblutanteils beim Übergang auf Hypoxie machen um so geringere Fehler, je tiefer die Hypoxie ist. Die Untersuchungen an 9 gesunden Männern zeigen übrigens, daß zwischen Luftatmung und 35% insp. keine Veränderung der Kurzschlußdurchblutung auftritt (10). Da das Thewssche Verfahren (11) auch bei kleinen Endgradienten, bei denen das Bohrsche aus Integrationsgründen nicht mehr anwendbar ist, eingesetzt werden kann, könnte man daran denken, bei Luftatmung DF_{O_2} nach Thews zu bestimmen. Dies ist aus drei Gründen nicht empfehlenswert. 1. Fällt bei Luftatmung ein Fehler des Kurzschlußeinflusses auf die AaD viel stärker ins Gewicht und verursacht größere Fehler für DF_{O_2} als bei Hypoxie. 2. Eine diffusionsbedingte AaD ist bei Hypoxie immer größer als bei Luftatmung, wodurch Meßfehler prozentual bei Luftatmung ungleich stärker ins Gewicht fallen. 3. Bei Luftatmung ist die AaD nicht nur kurzschluß- und diffusionsbedingt, sondern ein evtl. vorhandener Verteilungsstörungsanteil ist in diesem Bereich im allgemeinen besonders groß.

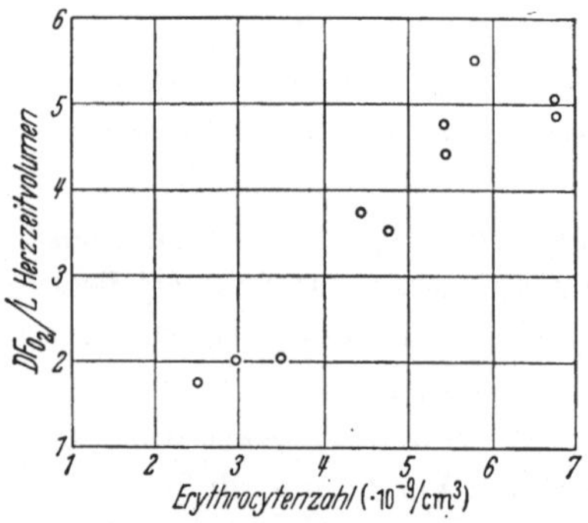

Abb. 1. Die O_2-Diffusionskapazität der Lunge bei narkotisierten Hunden in Abhängigkeit von der Erythrocytenzahl im Blut. Die Diffusionskapazität/l Herzzeitvolumen ist der Erythrocytenzahl annähernd proportional. Abszisse: Erythrocytenzahl in Milliarden/cm³. Ordinate: O_2-Diffusionskapazität der Lunge in cm³/min · Torr · 1HZV. [Nach Mochizuki et al. (7)]

In diesem Zusammenhang scheint mir eine Diskussion des Trial- und Error-Verfahrens von Riley, Cournand und Donald (12) nützlich. Dieses Verfahren benützt ebenfalls mindestens zwei O_2-Einatmungspegel, diese Pegel werden aber nur wenig unter bzw. über Luftatmung gelegt, damit wenig Kreislaufveränderungen auftreten, vor allem aber auch, weil damals der arterielle O_2-Druck nicht genau bestimmbar war, wenn er nennenswert über 100 Torr stieg. Es wird nun angenommen, die AaD bei niedrigem Pegel sei nur diffusionsbedingt, und geprüft, welcher AaD-Rest beim höheren Pegel für die Kurzschlußkomponente bleibt. Rechnet man mit der gewonnenen Kurzschlußkomponente nun erneut die zu erwartende AaD beim niederen Pegel aus, so muß Übereinstimmung erzielt werden. Wenn dies nicht der Fall ist, wird eine zweite, notfalls dritte Näherung versucht. Das Verfahren setzt gleiche Kurzschlußblutanteile sowie Diffusionsbedingungen bei beiden Pegeln voraus. Es ist einleuchtend, daß das Verfahren nur bei solchen Diffusionsbedingungen, wo große AaD-Werte gemessen werden, einigermaßen genau ist. Die Kurzschlußdurchblutung kann nur sehr ungenau bestimmt werden. Die Konstanz der Diffusionskapazität bei beiden Pegeln ist nicht gesichert. Die größten

Fehler entstehen aber sicher durch den Einfluß von Verteilungsstörungen, der in dem von den Verfassern benützten Bereich groß sein kann[1].

Mit der Verbreitung elektrochemischer Methoden zur Bestimmung von p_{O_2} im Blut auch in Bereichen von 100 Torr aufwärts gewinnt unser Verfahren zunehmend an Verbreitung (13).

Wie verhalten sich nun die Ergebnisse des Bohrschen und Thewsschen Verfahrens zueinander.

In Tab. 1 sind die Meßdaten für einen Normalfall und zwei Diffusionsstörungen bei Hypoxie nach BOHR und nach THEWS ausgewertet.

Man sieht gute Übereinstimmung der Ergebnisse. Es ist dabei zu bedenken, daß DF_{O_2} aus meßtechnischen Gründen nicht besserals auf 10—30% genau bestimmt werden kann. Das heißt, praktisch sind keine Unterschiede der Verfahren im Einzelfall zu erwarten. Das Thewssche Verfahren ist jedoch vorzuziehen, weil die etwas mühselige Integration durch das Nomogramm ersetzt wird.

Tab. 1. DF_{O_2} *bei Hypoxie* ($\dot{V}_{O_2}$ *250*)

THEWS (Normalfall)	BOHR	BOHR mit gerader O_2-DK[2]
22,3	21,9	23,0
15,1	15,5	16,4
11,9	12,6	12,6

Im Einzelfall liefert das Thewssche Verfahren bei Hypoxie etwas niedrigere Werte als das Bohrsche, weil sich die mittlere O_2-Druckdifferenz auf den mittleren Erythrocyten-Druck bezieht, der unter dem mittleren Capillardruck liegt. Je stärker die O_2-DK gekrümmt ist, d. h. gegen Luftatmung hin, desto größer wird die Abweichung bei den DF_{O_2}-Werten, wobei jetzt das Thewssche Verfahren höhere Werte liefert, weil nach THEWS die Aufsättigung in der Lungencapillare nicht auf der Gleichgewichts-O_2-DK abläuft, sondern die O_2-Sättigung wegen der langsamen Reaktionszeit hinter dem O_2-Druck herhinkt. Die „effektive O_2-DK" liegt demnach rechts von der Gleichgewichts-DK und damit wird die mittlere Druckdifferenz kleiner, DF_{O_2} größer.

Das ist nur von theoretischer Bedeutung, da bei Luftatmung kaum ein meßtechnischer Zugang zur Bestimmung der Diffusionsverhältnisse vorhanden ist und bei Hypoxie die steady-state O_2-DK mit der effektiven O_2-DK nahezu zusammenfällt. Dies liegt daran, daß die Reaktionsgeschwindigkeit bei hoher Konzentration des Reaktionspartners, also das reduzierte Hb so groß ist, daß sie keinen O_2-Druck-Stau mehr verursacht.

Wenn man also wie beim Bohrschen Verfahren die Reaktionszeit in die DF_{O_2}-Berechnung miteinbezieht, dann sollte mit abnehmender O_2-Sättigung DF_{O_2} zunehmen, was tatsächlich auch von MOCHIZUKI (7) am Hund und von BARTELS, LOCHNER et al (14) am Lungenlappen gefunden wurde. Die Aussage ist leider mit Unsicherheiten belastet, da man den Einfluß von evtl. vorhandenen Verteilungsstörungen schlecht abschätzen kann (Abb. 2 und 3).

---

[1] Das Verfahren ist von den Verfassern seit etwa 5 Jahren verlassen worden (COURNAND, A., persönliche Mitteilung 1960).

[2] Wenn die Hb-Bindungskurve in dem Verwendeten Abschnitt geraten ist, kann die BOHRsche Diffusionskapazität rechnerisch nach folgender Beziehung ermittelt werden:

$$DF_{O_2} = \frac{\dot{V}_{O_2}}{p_c' - p_{\bar{v}}} \ln \frac{p_A - p_{\bar{v}}}{p_A - p_c'}$$

Viel Verwirrung ist in letzter Zeit durch die Betrachtung der *Kontaktzeit* in Zusammenhang mit der Diffusionskapazität entstanden. Manche gingen so weit, Diffusionsstörungen mit Kontaktzeitverkürzungen gleichzusetzen. Selbstverständlich bedarf es der Definition dessen, was man Diffusionsstörung nennen will. Zwei Möglichkeiten sind verwendet worden. 1. Diffusionsstörung bedeutet Erhöhung des Diffusionswiderstandes (Flächenabnahme, Diffusionsweg-Zunahme, Abnahme des Diffusionskoeffizienten, d. h. der Diffusionsleitfähigkeit und evtl. Reaktionsgeschwindigkeitsabnahme); 2. Diffusionsstörung bedeutet Abnahme der relativen Aufsättigung. Da aber alle oben angeführten Ursachen, d. h. Erhöhung des Diffusionswiderstandes und Abnahme der Kontaktzeit zu einer Abnahme der relativen Aufsättigung führen

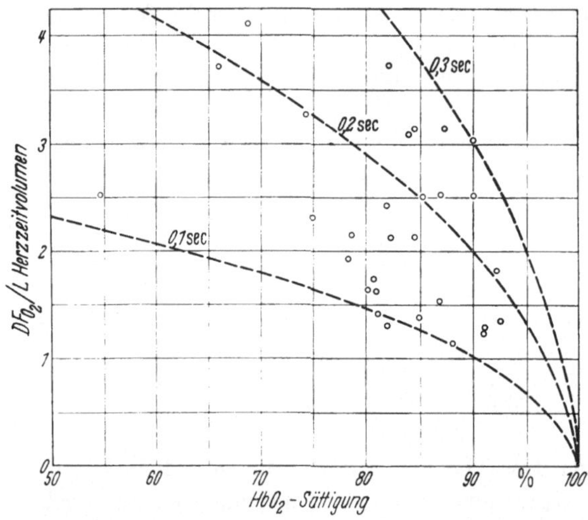

Abb. 2. Die Diffusionskapazität der Lunge bei narkotisierten Hunden in Abhängigkeit von der mittleren O₂-Sättigung des Lungencapillarblutes. Die O₂-Diffusionskapazität/l Herzzeitvolumen nimmt mit zunehmender Sättigung des Lungencapillarblutes ab. Abszisse: Mittlere O₂-Sättigung des Hämoglobins in den Lungencapillaren in Prozent. Ordinate: O₂-Diffusionskapazität der Lunge in cm³/min · Torr · 1 HZV (Nach Mochizuki et al. (7))

können, jedoch außerdem bei normalen Diffusionswiderständen und verkürzter Kontaktzeit diese relative Aufsättigung ebenfalls verringert sein kann, ist der zweite Begriff von mehr Faktoren abhängig als der erste.

Praktisch wird eine pathologische Kontaktzeitverkürzung nur auftreten, wenn die Diffusionsfläche (Lungencapillarbett) verkleinert ist. Das ist die Ursache für die zu messende DF_{O_2}-Abnahme, und die Kontaktzeitverkürzung ist eine Folge dieser Austauschflächenverkleinerung und nicht die Ursache.

Thews (6) hat zur Beurteilung der Diffusionsverhältnisse in der Lunge den Logarithmus der relativen Aufsättigung

$$\frac{t_K}{\tau} = \log \frac{P_A - P_{\bar{v}}}{P_A - P_{c'}}$$

vorgeschlagen. Die Auswertung der Meßergebnisse vereinfacht sich dadurch erheblich. Prinzipiell ist die Aussage eines erniedrigten $\frac{t_K}{\tau}$ vieldeutiger als eine Abnahme von DF_{O_2}.

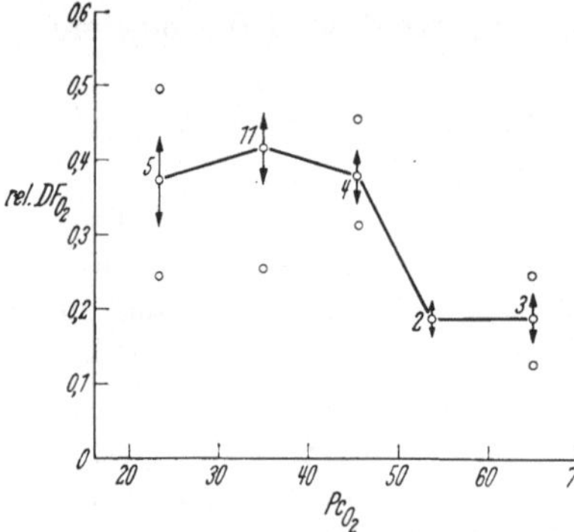

Abb. 3. Die relative O₂-Diffusionskapazität isolierter durchbluteter Lungenlappen in Abhängigkeit des mittleren O₂-Druckes in den Capillaren. Die O₂-Diffusionskapazität ist bei mittleren capillären O₂-Drucken unter 50 Torr deutlich gesteigert. Abszisse: Mittlerer O₂-Druck in den Lungencapillaren in Torr. Ordinate: Relative O₂-Diffusionskapazität in cm³/min · Torr. [Nach Bartels, Lochner, Mochizuri und Rodewald (14)]

$$\tau = f(K d' \alpha')$$

$$t_K = \frac{V_c}{HZV}$$

$\dfrac{t_K}{\tau}$ wäre bei unterschiedlicher Körperoberfläche, wenn $\dfrac{V_c}{\mathrm{HZV}}$ normal, d. h. t_K normal ist, konstant. Somit kann eine unterschiedlich große Austauschfläche durch $\dfrac{t_K}{\tau}$ unter physiologischen Bedingungen sicher nicht ermittelt werden, das hätte aber den Vorteil, daß der Normalwert bei Fixierung des Hypoxiepegels unabhängig von der Körperoberfläche angegeben werden könnte.

Eine Reduktion der Austauschfläche würde die Größe im Gegensatz zur DF_{O_2} nur anzeigen, wenn gleichzeitig die Kontaktzeit abgenommen hat. Dies dürfte für die meisten praktischen Fälle zutreffen. Man kann sich aber den Fall konstruieren, daß ein rechtsinsuffizienter halbseitig Pneumonektierter mit 50% HZV von der Norm eine normale Kontaktzeit hat. In diesem Fall wäre die relative Aufsättigung wenig verändert, während DF_{O_2} etwa 30—40% erniedrigt gemessen würde. In diesem Zusammenhang ist erwähnenswert, daß die 1945 von Roughton (15) erstmalig versuchte Bestimmung des Lungencapillarblutvolumens und der Kontaktzeit mit CO bei verschiedenen O_2-Drucken in jüngster Zeit so verbessert wurde, daß sie bei bestimmten Physiologischen und pathophysiologischen Fragestellungen angewendet zu werden verdient.

Man kann mit dieser Methode, die zwei O_2-Beatmungspegel erfordert D_{LCO}, V_c und die Kontaktzeit bestimmen. Nachteilig ist nur, daß Kurzschlüsse nicht bestimmt werden können. Es sollte meines Erachtens für klinische Untersuchungen vielleicht überhaupt mehr an die Verwendung von CO-Methoden gedacht werden. Diese Methoden haben wie die O_2-Methode eine Reihe von Nachteilen, die man kennen muß, wenn man sich für Anwendung einer bestimmten CO-Methode entscheiden will.

Es muß nun noch auf die *Verteilungsstörungen* eingegangen werden. Sie können Veränderungen des arteriellen O_2-Druckes verursachen, obwohl im einzelnen Lungenelement die Diffusionsverhältnisse normal sind. Dies rührt von der Krümmung der Dissoziationskurve her. Bei Luftatmung kann eine AaD also von drei Komponenten: Kurzschlußdurchblutung, Diffusionsstörung und Verteilungsungleichheiten bedingt sein. Der einfachste Weg, sich Aufschluß über das Vorliegen einer Verteilungsstörung zu verschaffen, wäre demnach, einen dritten Beatmungspegel bei Luftatmung anzuwenden, und dann zu ermitteln, ob ein Rest an AaD, der nicht auf Kurzschluß und Diffusionsstörung zurückgeführt werden kann, besteht.

Größere Verteilungsstörungen mit einer Veränderung der Ventilationsverhältnisse in einzelnen Lungenabschnitten sollten durch Lungen-clearance-Bestimmungen möglich sein.

Die von Piiper (16) mitgeteilten neuen Gedanken über eine Erweiterung der Verteilungsmöglichkeiten auf das Verhältnis $DF/\dot{Q}$ machen darauf aufmerksam, daß bei der Shuntbestimmung nicht nur wie bereits bekannt extraalveolare Shunts und Störungen der Verteilung von Belüftung und Durchblutung ermittelt werden, sondern auch Störungen der Verteilung von $DF/\dot{Q}$ eingehen. Es wäre wichtig zu erfahren, ob Möglichkeiten bestehen $DF/\dot{Q}$-Störungen festzustellen oder sogar zu quantifizieren. Es resultiert ja aus den Ergebnissen von Piiper, daß bei Hyperoxie drei Komponenten die AaD bestimmen: 1. extraalveolare Shunts; 2. Verteilungsungleichheiten $V_A/\dot{Q}$; 3. Verteilungsungleichheiten $DF/\dot{Q}$. Wie weit bei Hypoxie die zweite und dritte Komponente noch die AaD beeinflußt, hängt vom Ausmaß der Störungen ab, ich übersehe nicht mit welchen Fehlern wir bei der DF_{O_2}-Bestimmung rechnen müssen. Vielleicht interessieren in diesem Zusammenhang die Untersuchungen von Burrows u. Mitarb. (*17, 18*), die durch eine CO-Äquilibrierungstechnik ungleiche Verhältnisse $DF/_L V_A$ zu ermitteln versuchten und bei Annahme einzelner Lungenabteilungen fanden, daß 6—18% Anteile des Lungenvolumens sich so verhalten, als ob sie nur 12—46% ihrer Diffusionskapazität hätten. Aus der Abnahme des alveolaren CO-Druckes in der Lunge wurde schon früher von Forster u. Mitarb. (*53*) auf unterschiedliche DF_{O_2} in einzelnen Lungenteilen geschlossen.

Zum Schluß möchte ich noch einige Anwendungen der Bestimmung des Diffusionsfaktors bei physiologischen und pathologischen Veränderungen nennen, wobei die Ergebnisse bis Anfang 1957 summarisch abgehandelt werden können, weil sie von R. F. Forster (*13*) ausführlich publiziert worden sind.

Physiologie. Korrelationen mit *Körpergröße, Oberfläche, Gewicht und VK* sind in jüngster Zeit von Lewis u. Mitarb. (*19*) erneut untersucht worden sowie für Kinder von 5—14 Jahren von Strang (*20*). Die angegebenen Korrelationen beziehen sich auf die Kroghsche Atemanhalte-CO-Methode in der von Ogilvie, Forster, Blakemore and Morton (*21*) standardisierten Form. Die *Körperlage* spielt ebenfalls eine Rolle, im Liegen ist DF größer als im Sitzen; Bates und Pearce (*22*), Lewis (*19*), Lewis (*23*) haben hierbei außerdem auch noch V_c gemessen, das im Liegen zunimmt wogegen D_M abnimmt.

Bei der Diskussion von Ergebnissen über D_{LO_2}-Messungen sollte man deshalb mehr darauf achten in welcher Körperlage die Untersuchungen gemacht sind.

Die gefundenen *Geschlechtsunterschiede* lassen sich durch geringere Körpermasse bzw. durch niedrigeren Stoffwechsel/m² Körperoberfläche hinreichend erklären.

Eine *Altersabhängigkeit* wurde für die CO-Methoden seit M. Krogh (*24*) gesucht, aber lediglich die maximale O_2-Kapazität war für Ältere niedriger, wobei aber zu bemerken ist, daß die älteren V_p auch nicht *die* O_2-Aufnahme erreichten wie die jüngeren. Bøje (*25*) fand eine Erniedrigung bei zwei V_p, die zweimal im Abstand von 21 Jahren untersucht wurden, die Abnahme war bei einer V_p 26% bei der anderen 6%.

Es sind vor kurzem jedoch Publikationen erschienen, die einen Einfluß des Alters angeben (*26, 27, 28*). Die größte Zahl an Untersuchten, nämlich 100 Gesunde zwischen 20 und 60 Jahren haben Hanson und Tabakin (*29*) bei Arbeit mit einer steady-state-CO-Methode ausgewertet. Die Streuung der Werte ist außerordentlich groß (keine arteriellen Blutproben) und nur die D_{LCO}-Differenz der jüngsten zur ältesten Gruppe ließ sich statistisch sichern.

Einfluß körperlicher Arbeit. Seit M. Krogh sind viele Messungen von DF bei Arbeit gemacht und alle Untersucher stimmen darüber ein, daß der Wert zunimmt. Weniger Klarheit besteht über den Mechanismus der Zunahme. Am meisten diskutiert wird eine Zunahme der Austauschfläche, die sich auch in der Zunahme von V_c ausdrückt. Allerdings sind die beobachteten Zunahmen selbst bei Annahme des günstigsten Falles der Neueröffnung von Capillaren nicht immer ausreichend, um die etwa 200%ige Zunahme von DF_{O_2} zu erklären, die V_c-Zunahmen betragen 100—150%. Bei mäßiger Arbeit (etwa dreifacher O_2-Verbrauch) wurde nur eine Zunahme von 64 auf 76 ml gefunden [Lewis et al. (*19*)]. In allerjüngster Zeit haben

allerdings Bates et al. mit ihrer steady-state-CO-Methode eine sehr gute Übereinstimmung der D_{LCO}-Zunahme mit der V_c-Zunahme (beide etwa 160%) gefunden
Rankin, McNeill und Forster (*30*) haben die D_{LCO}-Technik bei erhöhtem p_{CO_2}
angewendet und V_c gleichzeitig bestimmt. Die Zunahme von D_{LCO} um 50%
wird von einer Capillarblutvolumenzunahme um 110% hergeleitet. Hier könnte
man daran denken, daß ein relativ großer Teil der Capillaren nur erweitert wird,
was keine lineare Zunahme der Austauschfläche bedeuten würde.

Drei interessante Untersuchungen (*19, 31, 32*) aus jüngster Zeit befassen sich
mit der Differenzierung des Einflusses von Ventilation und HZV-Steigerung auf

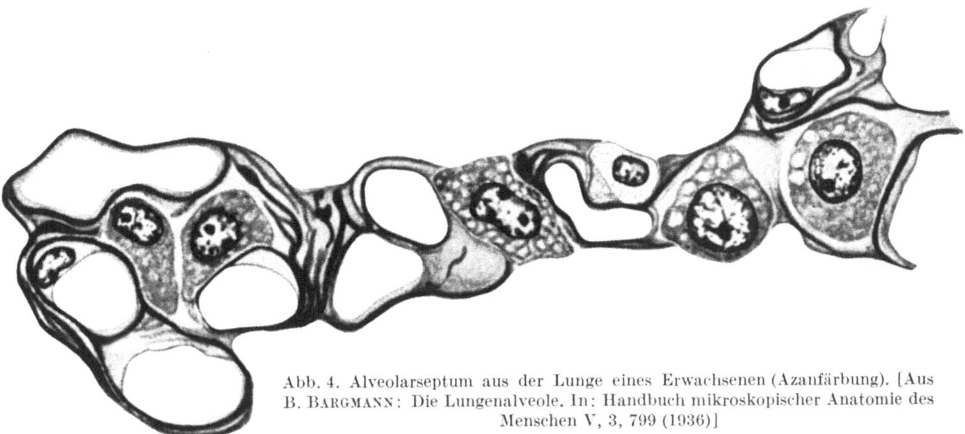

Abb. 4. Alveolarseptum aus der Lunge eines Erwachsenen (Azanfärbung). [Aus
B. Bargmann: Die Lungenalveole. In: Handbuch mikroskopischer Anatomie des
Menschen V, 3, 799 (1936)]

DF. Es zeigt sich, daß eine DF-Steigerung ganz vorwiegend nur mit einer Ventilationssteigerung einhergeht, d. h. Hyperventilation ohne HZV-Steigerung
erzeugt eine DF-Zunahme, während umgekehrt eine HZV-Steigerung ohne Ventilationssteigerung keine DF-Zunahme entstehen läßt Am ellegantesten sind wohl
die Experimente von Turino, Brandfonbrener und Fishman (*31*), die mittels
Bronchospirometrie DF_{O_2} für jede Lungenseite getrennt bestimmt haben und durch
Pulmonalarterienblock in der einen Lunge die Durchblutung erniedrigt und der
andern erhöht haben. Bei annähernd gleicher Ventilation der beiden Lungen
blieb DF_{O_2} in der Lunge mit Durchblutungserhöhung unverändert. Eine Erklärung für den Einfluß der Ventilation wäre neben einer reflektrischen Kopplung
zwischen Ventilation und Capillarweite vielleicht die mechanische Ausdehnung
der Capillarwand und eine Abflachung der Capillaren und damit eine größere
funktionelle Oberfläche (Abb. 8). In jüngster Zeit haben allerdings Bates u. Mitarb.
(*33*) den Einfluß der Hyperventilation bei Arbeit nicht bestätigen können. Sie
führen den Unterschied ihrer Ergebnisse auf ihre direkte endtidal CO-Bestimmung
im Gegensatz zur Berechnung aus $p^{CO_2 art}$ zurück. Uns scheint, daß bei Arbeit
evtl. schon der maximale Ventilationseinfluß erreicht sein könnte. Schließlich
könnte die AVD_{O_2}-Zunahme bei Arbeit den Faktor der Reaktionszeitverkürzung
bei erniedrigten O_2-Drucken ins Spiel bringen. Bei den oben angeführten Versuchen ist die HZV-Steigerung nicht von einer AVD_{O_2}-Vergrößerung begleitet.

Die Frage, ob bei *Hypoxie* DF zunimmt, ist immer noch nicht geklärt. Obwohl
verschiedentlich eine solche Möglichkeit angenommen wurde (*10, 34, 35, 36*)

gibt es keine eindeutigen experimentellen Beweise. Eine Zunahme durch Ventilationssteigerung ist anzunehmen, aber eine Zunahme durch Faktoren, die im Blut selbst liegen ist auch durch Versuche am isolierten durchbluteten Lungenlappen mit konstanter Durchblutung und Ventilation nur zu vermuten [BARTELS, LOCHNER, MOCHIZUKI und RODEWALD(14)]. Bei einer Arbeit von MOCHIZUKI u. Mitarb. (7) am narkotisierten Hund ist der Einfluß von HZV und Ventilationssteigerung nicht abzuschätzen. Auch bei unseren Versuchen kann das Lungencapillarblutvolumen durch lokale Regulation zugenommen haben. Unter der Voraussetzung, daß eine Reaktionszeitverkürzung auftritt und diese genügend in den Vorgang eingeht, könnte eine Zunahme von DF_{O_2} bei Hypoxie auch hiermit teilweise erklärt werden.

Pathophysiologie. Von Erkrankungen, bei denen man erwartet, daß sie die *Membranfunktion* der Lunge beeinflussen, sind untersucht: Lungenfibrose, Sarcoidosis, Berylliosis, Asbestose und Skeroderma (37, 38, 39). Bei vielen dieser Fälle sind die spirometrischen Daten, Qsh, die Lungenmechanik und die Mischzeit nicht nennenswert verändert, während D_L z. T. stark erniedrigt ist. Bei einigen Fällen (40) wurde außer D_L auch V_c gemessen und häufig wenig erniedrigt, bei Lungenstauungen aber erhöht gefunden, während D_L erniedrigt war; ein Hinweis auf Vorherrschen eines sog. alveolar-capillaren Blockes. ZOHMANN und WILLIAMS (41) haben 47 Patienten mit röntgenologisch nachgewiesener Lungenfibrose mit CO-Technik untersucht und fanden überall Erniedrigung von D_L während spirometrische Daten vielmehr variierten. Beim Sarcoid wurde der Erfolg der Steroidtherapie direkt an der Zunahme von D_L abgelesen (38, 39). Wenn sie nicht zunimmt, ist die Prognose schlecht (42).

Die *Austauschfläche* sollte erwartungsgemäß beim Emphysem eingeschränkt sein. Die zahlreichen Untersuchungen (38, 43, 44, 45, 46, 47) mit unterschiedlicher Methodik zeigen alle Erniedrigungen von D_L, ein eindeutiger Bezug auf eine Capillarbettrarefizierung ist jedoch aus methodischen Gründen nicht möglich. Schwierigkeiten der Bestimmung macht vor allem die ungleichmäßige Belüftung. Es (40) wurde sogar bei einigen Fällen ein fast normales V_c bei erniedrigtem D_L gefunden. Dies würde auf eine Dehnung der verbliebenen Capillaren hindeuten. WILLIAMS und ZOHMANN (47) beziehen die gefundene $D_{L\,CO}$-steady-state-Abnahme auf Verkleinerung des Gefäßbettes, V_c wurde nicht gemessen. Die gleichen Autoren (48) bestätigen die von BATES (49) angegebene Differenzierungsmöglichkeit zwischen Asthma und obstruktivem Emphysem, d. h. bei Asthma findet man D_L normal bzw. nicht nennenswert erniedrigt. Auf die Untersuchungen bei Mitralstenose und bei Anämien brauche ich hier nicht einzugehen, weil den Themen eigene Referate gewidmet sind.

Die Ausschaltung von Lungenteilen durch Pneumonektomie oder Pneumothorax ergibt eine Abnahme von $D_{L\,CO}$ (50, 51), während mit DF_{O_2} keine sichere Abnahme gezeigt werden konnte (52).

Literatur

1. KREUZER, F.: Habil.-Schrift Fribourg 1953.
2. GIBSON, Q. H., F. KREUZER, E. MEDA and F. J. W. ROUGHTON: Kinetics in human haemoglobin in solution and in red cell at 37° C. J. Physiol. (Lond.) **129**, 65 (1955).

3. FORSTER, R. E., F. J. W. ROUGHTON, F. KREUZER and W. A. BRISCOE: Photocolorimetric determination of the rate of uptake of CO and O_2 by reduced human cell suspensions at 37° C. J. appl. Physiol. 11, 260 (1957).

4. MOCHIZUKI, M., and J. FUKUOKA: A diffusion of oxygen inside the red cell. Jap. J. Physiol. 8, 206 (1958).

5. THEWS, G., u. W. NIESEL: Zur Theorie der Sauerstoffdiffusion im Erythrocyten. Pflügers Arch. ges. Physiol. 268, 318 (1959).

6. — Die Sauerstoffdiffusion in den Lungencapillaren. Bad Oeynhausener Gespräche IV, 1960.

7. MOCHIZUKI, M., T. ANSO, H. GOTO, A. HAMANOTO and Y. MAKIGUCHI: The dependency of diffusion capacity on the HbO_2-saturation of the capillary blood and on anemia. Jap. J. Physiol. 8, 225 (1958).

8. RANKIN, J., R. S. MCNEILL and R. E. FORSTER: Diffusion characteristics of pulmonary membrane and capillary bed in various diseases of lungs and cardiovascular system. J. clin. Invest. 36, 922 (1957).

9. RIEGEL, K., P. HILPERT u. W. MOLL: Gasaustausch bei Anämien. Bad Oeynhausener Gespräche IV, 1960.

10. BARTELS, H., R. BEER, E. FLEISCHER, H. J. HOFFHEINZ, J. KRALL, G. RODEWALD, J. WENNER u. I. WITT: Bestimmung von Kurzschlußdurchblutung und Diffusionskapazität der Lunge bei Gesunden und Lungenkranken. Pflügers Arch. ges. Physiol. 261, 99 (1955).

11. THEWS, G.: Ein Nomogramm zur einfachen Bestimmung des O_2-Diffusionsfaktors (O_2-Diffusionskapazität) der Lunge. Pflügers Arch. ges. Physiol. 268, 281 (1959).

12. RILEY, R. L., A. COURNAND and K. W. DONALD: Analysis of factors affecting partial pressure of O_2 and CO_2 in gas and blood of lungs; methods. J. appl. Physiol. 4, 102 (1951).

13. FORSTER, R. E.: Exchange of gases between alveolar air and pulmonary capillary blood: pulmonary diffusing capacity. Physiol. Rev. 37, 391 (1957).

14. BARTELS, H., W. LOCHNER, M. MOCHIZUKI u. G. RODEWALD: Diffusionskapazität am isolierten durchbluteten Hundelungenlappen. 1956. Unveröffentlicht.

15. ROUGHTON, F. J. W.: Average time spent by blood in human lung capillary and its relation to the rates of CO uptake and elimination in man. Amer. J. Physiol. 143, 621 (1945).

16. PIIPER, J.: Der Sauerstoffaustausch in der funktionell inhomogenen Lunge. Bad Oeynhausener Gespräche IV, 1960.

17. BURROWS, B., A. H. NIDEN, P. V. HARPER jr. and W. BARCLAY: Non-inform pulmonary diffusion is demonstrated by the carbon-monoxide equilibration technique: mathematical considerations. J. clin. Invest. 39, 795 (1960).

18. BURROWS, B., A. H. NIDEN, C. MITTMAN, R. C. TALLEY and W. R. BARCLAY: Non-uniform pulmonary diffusion is demonstrated by the carbon-monoxide equilibration technique: experimental results in man: J. clin. Invest. 39, 943 (1960).

19. LEWIS, B. M., T. H. LIN, F. E. NOE and R. KOMISARUK: The measurement of pulmonary capillary blood volume and pulmonary membrane diffusing capacity in normal subjects; the effects of exercise and position. J. clin. Invest. 37, 1061 (1958).

20. STRANG, L. B.: Measurement of pulmonary diffusing capacity in children. Arch. Dis. Childh. 35, 232 (1960).

21. OGILVIE, C. M., R. E. FORSTER, W. S. BLAKEMORE and J. E. MORTON: Standardized breath holding technique for the clinical measurement of the diffusing capacity of the lung for CO. J. clin. Invest. 36, 1 (1957).

22. BATES, D. V., and J. F. PEARCE: The pulmonary diffusing capacity; a comparison of measurement and a study of the effect of body position. J. Physiol. (Lond.) 132, 232 (1956.

23. LEWIS, B. M., W. T. MCELROY, E. J. HAYFORD-WELSING and L. C. SAMBERG: The effects of body position, ganglionic blockade and norepinephine on the pulmonary capillary bed. J. clin. Invest. 39, 1345 (1960).

24. KROGH, M.: Diffusion of gases through lungs of man. J. Physiol. (Lond.) 49, 271 (1914).

25. BOJE, O.: Über die Größe der Lungendiffusion des Menschen während Ruhe und körperlicher Arbeit. Arbeitsphysiol. 7, 157 (1934).

26. McGraht, M. W., and M. L. Thomson: The effect of age, body size and lung volume change on alveolar-capillary permeability and diffusing capacity in man. J. Physiol. (Lond.) **146**, 572 (1959).

27. Donevan, R. E., W. H. Palmer, C. J. Varvis and D. V. Bates: Influence of age on pulmonary diffusing capacity. J. appl. Physiol. **14**, 483 (1959).

28. Cohn, J. E., D. G. Carrol, B. W. Armstrong, R. H. Shephard and R. L. Riley: Maximal diffusing capacity of the lung in normal male subjects of different ages. J. appl. Physiol. **6**, 588 (1954).

29. Hanson, J. S., and B. S. Tabakin: Carbon monoxide diffusing capacity in normal male subjects, age 20—60, during exercise. J. appl. Physiol. **15**, 402 (1960).

30. Rankin, J., R. S. McNeill and R. E. Forster: Influence of increased alveolar CO_2-tension on pulmonary diffusing capacity for CO in man. J. appl. Physiol. **15**, 543 (1960).

31. Turino, G. M., M. Brandfonbrener and A. P. Fishman: The effect of changes in ventilation and pulmonary blood flow on the diffusing capacity of the lung. J. clin. Invest. **38**, 11 6 (1959).

32. McNamara, F., J. Prime and J. D. Sinclair: The increase in diffusing capacity of the lungs on exercise. Lancet **1960**, 0404.

33. Bates, D. V., C. J. Varvis, R. E. Donevan and R. V. Christie: Variations in the pulmonary capillary blood volume and membrane diffusion component in health and disease. J. clin .Invest. **39**, 1401 (1960).

34. Roughton, F. J. W.: Handbook of respiratory physiology. USAF School of Aviation Medicine 1954.

35. Cohn, J. E., D. G. Comroe, B. W. Armstrong, R. H. Shephard and R. L. Riley: Maximal diffusing capacity of lung in normal male subjects of different ages. J. appl. Physiol. **6**, 588 (1954).

36. Cander, L., and R. E. Forster: Effects of varying O_2-tensions upon pulmonary membrane diffusing capacity and pulmonary capillary blood volume in man. Amer.J.Physiol. **183**, 601 (1955).

37. Austrian, R., J. H., McClement, A. D. Renzetti jr., K. W. Donald, R. L. Riley and A. Cournand: Clinical and physiological features of some types of pulmonary disease with impairment of alveolar-capillary diffusion. Amer. J. Med. **11**, 667 (1951).

38. Riley, R. L., M. C. Riley and H. M. Hill: Diffuse pulmonary sarcoidosis. Bull. Johns Hopk. Hosp. **91**, 345 (1952).

39. Wigderson, A., M. H. Williams, L. R. Zohman and W. G. Childress: Impaired diffusion in pulmonary sarcoidosis. N. Y. St. J. Med. **59**, 2420 (1959).

40. McNeill, R. S., J. Rankin and R. E. Forster: The diffusing capacity of the pulmonary membrane and the pulmonary capillary blood volume in cardiopulmonary disease. Clin. Sci. **17**, 465 (1958).

41. Zohman, L. R., and M. H. Williams jr.: Cardiopulmonary function in pulmonary fibrosis. Amer. Rev. Resp. Dis. **80**, 700 (1959).

42. Bader, M. E., and R. A. Bader: Alveolar-capillary block syndrome. Amer. J. Med. **24**, 493 (1958).

43. Marshall, R.: A comparison of methods of measuring the diffusing capacity of the lungs for carbon monoxide. Investigation by fractional analysis of the alveolar air. J. clin. Invest. **37**, 394 (1958).

44. Kruhoffer, P.: Studies on the lung diffusion coefficient for carbon monoxide in normal human subjects by means of $C^{14}O$. Acta physiol. scand. **32**, 106 (1954).

45. Ogilvie, C. M., R. E. Forster, W. S. Blakemore and J. W. Morton: A standardized breath holding technique for the clinical measurement of the diffusing capacity of the lung for carbon monoxide. J. clin. Invest. **36**, 1 (1957).

46. Donald, K. W., A. Renzetti, R. L. Riley and A. Cournand: Analysis of factors affecting concentrations of oxygen and carbon dioxide in gas and blood of lungs: Results. J. appl. Physiol. **4**, 497 (1952).

47. Williams, H. M., and L. R. Zohman: Cardiopulmonary function in chronic obstructive emphysema. Amer. Rev. Resp. Dis. **80**, 689 (1959).

48. WILLIAMS, M. H., and L. R. ZOHMAN: Cardiopulmonary function in bronchial asthma. Amer. Rev. Resp. Dis. 81, 173 (1960).
49. BATES, D. V.: Impairment of respirators function in bronchial asthma. Clin. Sci. 11, 203 (1952).
50. McILROY, M. B., and D. V. BATES: Respiratory function after pneumonectomy. Thorax 11, 303 (1956).
51. KJERULF-JENSEN, K., and P. KRUHOFFER: Lung diffusions coefficient for CO in patients with lung disorders, as determined by $C^{14}O$. Acta med. scand. 150, 395 (1954).
52. COURNAND, A., R. L. RILEY, A. HIMMELSTEIN and R. AUSTRIAN: Pulmonary circulation and alveolar ventilationperfusion relationships after pneumonectomy. J. thorac. Surg. 19, 80 (1951).
53. FORSTER, R. E., W. S. FOWLER, D. V. BATES and B. VAN LINGEN: Absorption of CO by lungs during breath holding. J. clin. Invest. 33, 1135 (1954).

Einseitige Ventilationsstörung und Arterialisierung (zugleich Gedanken über die mögliche Hypoxämie durch Verteilungsstörungen)

von

CARL-WALTER HERTZ

Mit 10 Abbildungen

Die Frage, welchen Effekt eine pathologische ungleichmäßige Belüftung und ungleichmäßige Durchblutung der Lunge, eine sogenannte Verteilungsstörung, auf die Arterialisierung des Blutes haben kann, beschäftigt seit mehreren Jahren Physiologen und Kliniker, ohne daß es bisher gelungen wäre, hierüber zuverlässige Angaben zu machen.

Für die *normale* Lunge haben FARHI und RAHN (*1*) den Anteil der physiologischen ungleichmäßigen Belüftung an der alveolo-arteriellen Sauerstoffdifferenz (AaD) auf 3 mm geschätzt; neuerdings haben HAAB, PIIPER und RAHN (*3*) am Hund experimentell ermittelt, daß normalerweise kein nennenswerter Einfluß auf die AaD anzunehmen ist. Welche Rückwirkungen auf die AaD aber bei *krankhaften* Lungen- und Thoraxveränderungen durch partielle Hypoventilation zu erwarten sind, kann hieraus nicht abgeleitet werden.

Im folgenden sollen einige experimentelle Untersuchungen und theoretische Überlegungen vorgelegt werden, die vielleicht geeignet sind, einen Beitrag zu dieser Frage zu liefern. Zunächst sei die Verteilungsstörung im hier erörterten Sinne definiert. Sie umfaßt die ungleichmäßige effektive alveolare Ventilation. Der Begriff „effektive" alveolare Ventilation besagt, daß nur Alveolarbezirke berücksichtigt werden, in denen überhaupt ein Gasaustausch stattfindet. Alveolen, die zwar belüftet, aber nicht durchblutet sind, gehören dem Totraum an, Alveolen mit Durchblutung, aber ohne Belüftung sind funktionell shunts. In der effektiven alveolaren Ventilation und Perfusion sind also diese beiden Extreme der Verteilungsstörung — alveolare Totraumventilation und shunt — nicht eingeschlossen. Unsere Berechnungen basieren auf dem Gasgehalt des arteriellen Blutes, in den die Totraumventilation nicht eingeht, und der Exspirationsluft, in deren Zusammensetzung der shunt nicht wirksam ist. Diffusionsgradienten bleiben außer Betracht, da ja nur die Auswirkungen der reinen Verteilungsstörung untersucht werden sollen.

Relativ gut zu erfassen ist die Verteilungsstörung, wenn die Belüftungs-Durchblutungs-Relation in den beiden Lungenflügeln deutlich verschieden ist. Derartige Verhältnisse liegen vor bei einseitiger Pleuraschwarte, einseitigen schrumpfenden Lungenprozessen, Bronchialobstruktionen, Pneumothoraces, Thorakoplastiken, nach Lungenresektionen usw. Mit der Bronchospirometrie bietet sich uns die Möglichkeit, die beiden Lungenseiten getrennt zu untersuchen. Gemeinhin bestimmt man Vitalkapazität, Atemzeitvolumen und Sauerstoffaufnahme jeder Seite, um die Zumutbarkeit eines thoraxchirurgischen Eingriffs beurteilen zu können. Die Bronchospirometrie findet üblicherweise unter Sauerstoffatmung statt. Man kann daher aus der prozentualen Sauerstoffaufnahme jeder Seite auf die jedseitige prozentuale effektive Lungendurchblutung schließen, da bei gleicher venös-endcapillarer O_2-Differenz in beiden Lungenflügeln jederseits nur entsprechend dem Blutdurchfluß Sauerstoff aufgenommen werden kann

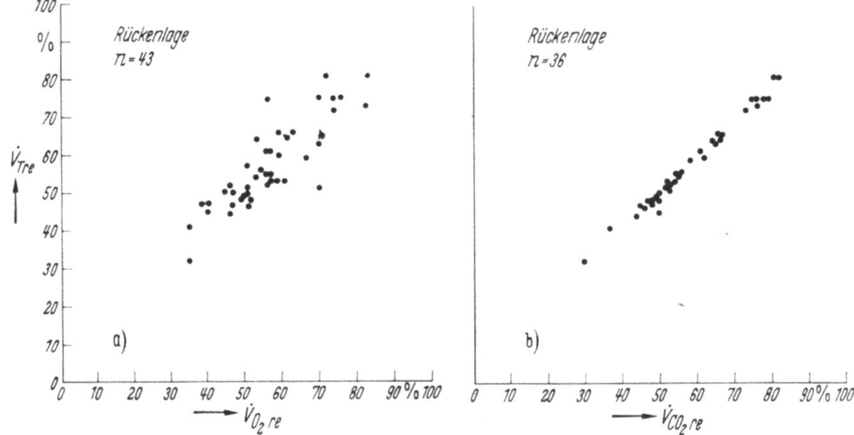

Abb. 1. Verhältnis des prozentualen Atemminutenvolumens der re. Lungenseite ($\dot{V}_{T\,re}$) zur (a) prozentualen rechtsseitigen Sauerstoffaufnahme ($\dot{V}_{O_2\,re}$) und zur (b) prozentualen rechtsseitigen CO_2-Ausscheidung ($\dot{V}_{CO_2\,re}$). Sauerstoffatmung

(Ficksches Prinzip). Wir haben nun außerdem die CO_2-Ausscheidung jeder Seite und die arterielle CO_2-Spannung bestimmt. Hieraus lassen sich die mittleren effektiven alveolaren Gasdrucke, d. h. die mittleren endcapillaren O_2- und CO_2-Spannungen jeder Lungenseite berechnen (5, 6).

Während die Sauerstoffaufnahme jeder Seite der relativen Durchblutungsgröße entspricht, stellte sich heraus, daß die CO_2-Ausscheidung praktisch ausschließlich von der Ventilation abhängig war. Abb. 1 zeigt die Ergebnisse einer Untersuchungsserie unter Sauerstoffatmung. Die Ordinate bezeichnet das prozentuale Atemzeitvolumen der rechten Seite, die Abszisse bei a) die rechtsseitige prozentuale Sauerstoffaufnahme, bei b) die CO_2-Abgabe dieser Seite. Die Werte der O_2-Aufnahme streuen relativ weit, während die prozentuale CO_2-Abgabe ziemlich genau dem Ventilationsanteil entspricht.

Wir haben nun bei diesen Patienten das Ventilations-Perfusions-Verhältnis durch Seitenlagerung künstlich verändert. Auf der unten liegenden Seite nimmt auf Grund des vergrößerten hydrostatischen Druckes die Durchblutung zu. Wir sehen jetzt (Abb. 2) eine noch größere Streuung der O_2-Werte, während die CO_2-Abgabe weiterhin von der Ventilation abhängig bleibt. Abb. 3 zeigt zur Illustration das Bronchospirogramm eines dieser Patienten, bei dem die Verschiebung der Durchblutung besonders deutlich in Erscheinung tritt. Zuerst wurde er auf die linke, dann auf die rechte Seite gelagert. In rechter Seitenlage beträgt auf der rechten Lungenseite die O_2-Aufnahme 65%, in linker Seitenlage nur 38%. Auch

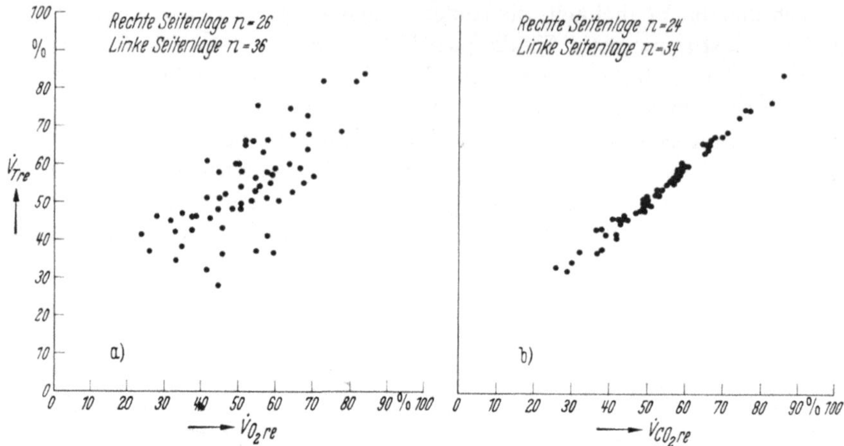

Abb. 2. Beziehungen zwischen prozentualem Atemminutenvolumen und Sauerstoffaufnahme sowie CO_2-Abgabe der re. Lungenseite bei Seitenlagerung der Patienten. Symbole wie bei Abb. 1. Sauerstoffatmung

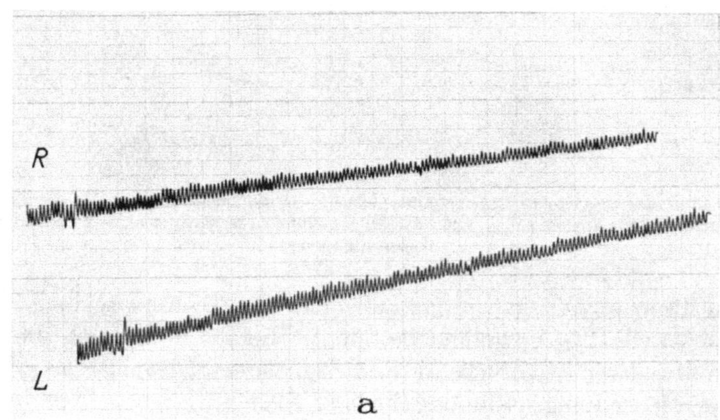

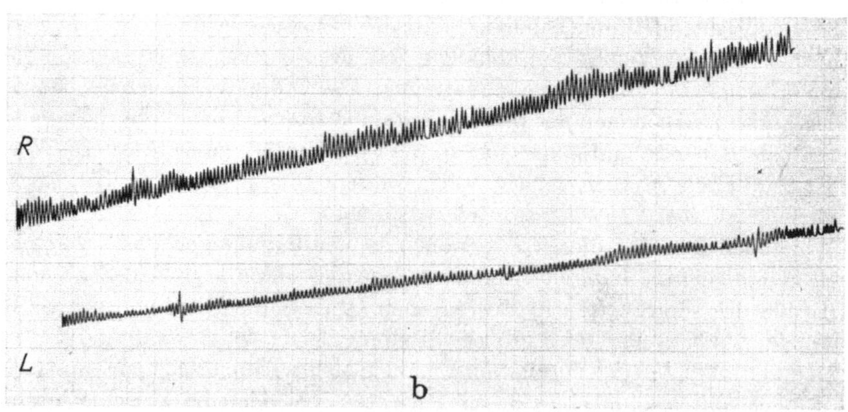

Abb. 3. Bronchospirogramm eines Patienten, (a) in linker Seitenlage, (b) in rechter Seitenlage. R rechte Lungenseite, L linke Lungenseite. Man erkennt deutlich den Anstieg der Sauerstoffaufnahme auf der jeweils unten liegenden Lungenseite. Außerdem nimmt auch das Atemminutenvolumen auf der unten liegenden Seite zu. Sauerstoffatmung

die Ventilationsrelation beider Seiten verschiebt sich bei Seitenlagerung, indem meistens ebenfalls auf der unteren Seite das Atemzeitvolumen zunimmt infolge ausgiebigerer Zwerchfellexkursionen.

Schließlich haben wir das Ventilations-Perfusions-Verhältnis noch dadurch verändert, daß wir eine einseitige künstliche Stenose anbrachten. Jetzt besteht überhaupt keine erkennbare Beziehung mehr zwischen prozentualer Sauerstoffaufnahme und Ventilation, während weiterhin eine enge Relation der CO_2-Abgabe zur Ventilation nachweisbar ist (Abb. 4).

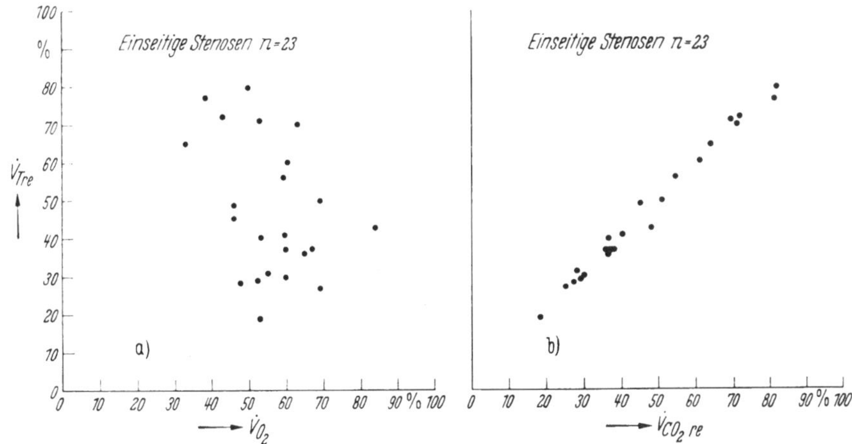

Abb. 4. Beziehungen zwischen Atemminutenvolumen und Sauerstoffaufnahme bzw. CO_2-Abgabe der re. Lungenseite bei einseitigen künstlichen Stenosen. Symbole wie in Abb. 1. Sauerstoffatmung

Es zeigt sich also ganz eindeutig, daß die CO_2-Abgabe praktisch ausschließlich von der Ventilation abhängig und von der Durchblutung weitgehend unabhängig ist, während die O_2-Aufnahme jeder Seite der Durchblutung entspricht. Die Identität der prozentualen Sauerstoffaufnahme und effektiven Durchblutung jeder Seite bei Sauerstoffatmung leitet sich, wie gesagt, nach dem Fickschen Prinzip aus der gleichen venös-endcapillaren O_2-Differenz beider Seiten her. Ist nun die prozentuale CO_2-Abgabe einer Seite von der prozentualen Sauerstoffaufnahme derselben Seite verschieden, so muß — wiederum nach dem Fickschen Prinzip — die venös-endcapillare CO_2-Differenz auf beiden Seiten verschieden sein. Ist daher auf einer Seite die prozentuale CO_2-Ausscheidung größer als die O_2-Aufnahme, überwiegt also die Ventilation die Durchblutung, so muß die venös-endcapillare CO_2-Differenz auf dieser Seite größer als auf der anderen Seite sein. Auf der Lungenseite mit größerer prozentualer CO_2-Abgabe als Sauerstoffaufnahme, also mit größerem RQ, ist folglich die endcapillare CO_2-Spannung niedriger, auf der anderen Seite mit kleinerem RQ höher. Steht pro Einheit Capillarblutzeitvolumen eine größere Einheit alveolare Ventilation zur Verfügung, so wird entsprechend dem steilen Verlauf der CO_2-Bindungskurve mehr CO_2 aus dem Blut eliminiert und umgekehrt.

Bei Luftatmung sind nun die Verhältnisse nicht viel anders als bei Sauerstoffatmung. Für die CO_2-Ausscheidung gelten die gleichen Voraussetzungen. Hinsichtlich der O_2-Aufnahme allerdings ist die Gleichheit der venös-endcapillaren

O_2-Differenz auf beiden Seiten nicht ohne weiteres gegeben. Aber die Form der O_2-Dissoziationskurve bewirkt hier ganz ähnliche Voraussetzungen, da sie nur im Bereich der unteren O_2-Drucke steil verläuft, oben aber sich immer mehr der Waagerechten annähert. So würde zum Beispiel eine Erniedrigung des alveolaren Sauerstoffdruckes einer Seite auf 85 mm Hg, entsprechend einem Teil-RQ von 0,6 bei 42 mm Hg p_{CO_2A}, die venös-endcapillare O_2-Differenz bei normalem Hämoglobin nur um etwa 0,2 Vol.-% vermindern, d. h. prozentuale O_2-Aufnahme und RQ dieser Seite würden bei Luftatmung nur geringfügig von den Werten bei Sauerstoffatmung abweichen.

Auf die Beziehungen zwischen RQ und Ventilations-Perfusions-Relation wurde zuerst von Riley und Cournand (7) hingewiesen.

Tab. 1. *Mittelwerte der jedseitigen respiratorischen Quotienten bei 20 Kontrollfällen und 41 Patienten mit vorwiegend einseitiger Ventilationsstörung. $R_r = RQ$ der rechten Lungenseite, $R_l = RQ$ der linken Lungenseite, $\Delta R = $ Differenz der beiden jedseitigen respiratorischen Quotienten (mittlere Differenz der Einzelwerte), n = Zahl der Fälle, m = Mittelwert, $\sigma = $ Standardabweichung, max. = Maximalwert, min. = Minimalwert*

		R_r	R_l	ΔR	n
Tbc. minim.	m	0,84	0,85	0,03	20
	σ	0,03	0,05		
	max.	0,93	0,95		
	min.	0,75	0,76		
Vorwiegend einseitige	m	0,82	0,84	0,23	41
Ventilationsstörung	σ	0,12	0,15		
	max.	1,12	1,29		
	min.	0,61	0,58		
			(0,41)		

Nachdem diese Voraussetzungen erörtert wurden, sollen die Verhältnisse bei Patienten mit vorwiegend einseitiger Ventilationsstörung, die bronchospirometrisch mit zwei offenen Systemen unter Luftatmung untersucht wurden, besprochen werden (Tab. 1). Während bei normalen Kontrollfällen mit geringfügigen Lungenbefunden prozentuale Sauerstoffaufnahme und CO_2-Abgabe jeder Seite einander weitgehend entsprechen, ist dies bei den Patienten mit vorwiegend einseitiger Ventilationsstörung im allgemeinen nicht der Fall. Auf der Tabelle sieht man, daß bei den 20 Vergleichsfällen sowohl die mittlere Differenz zwischen den respiratorischen Quotienten jeder Lungenseite als auch die Standardabweichungen der Mittelwerte der jedseitigen RQ wesentlich geringer sind als bei den Patienten mit Ventilationsstörungen. Maximal- und Minimalwerte sind angegeben. Fälle mit einem Gesamt-RQ unter 0,7 oder über 1,0 wurden nicht berücksichtigt.

Bekanntlich weisen nun Lungenbezirke mit einem hohen RQ ein vergrößertes Ventilations-Perfusions-Verhältnis auf, d. h. die alveolare Belüftung ist gegenüber der Durchblutung vermehrt. In derartigen Bezirken besteht eine alveolare Hyperventilation. Lungenareale mit niedrigem RQ haben umgekehrt eine verminderte Ventilations-Perfusions-Relation, diese Anteile sind hypoventiliert, die Durchblutung überwiegt die alveolare Belüftung. Nun ist bei unseren Fällen keineswegs immer auf der ventilationsbehinderten Seite der RQ kleiner, sondern häufig ist die Perfusion durch die pathologischen Veränderungen mehr betroffen als die

Ventilation, so daß eine relative Hyperventilation resultiert (5). Fast regelmäßig ist bei den Patienten, die eine Lobektomie durchgemacht haben, auf der operierten Seite die Durchblutung stärker vermindert als die Belüftung, weil bei komplikationslosem postoperativem Verlauf der wieder ausgedehnte Restlappen in nahezu normaler Weise an der Gesamtventilation teilnimmt, während der Gefäßbaum durch die Operation anatomisch reduziert bleibt. Abb. 5 zeigt das Bronchospirogramm eines Patienten, bei dem ein halbes Jahr vorher der linke Oberlappen reseziert worden war: das prozentuale Atemzeitvolumen ist links annähernd normal, die O_2-Aufnahme jedoch deutlich vermindert, der RQ ist links erhöht als Ausdruck der vergrößerten Ventilations-Perfusions-Relation.

Aus Tab. 1 geht hervor, daß der einseitige RQ nicht unter etwa 0,6 lag. Es handelt sich um z. T. schwere einseitige Ventilationsbehinderungen, vor allem durch Pleuraschwarten, cirrhotische Lungenprozesse und Thoraxoperationen. Die arterielle CO_2-Spannung lag bei den 41 Fällen zwischen 33 und 47 mm Hg. In einem Fall von linksseitigem Pleuraempyem, der hier in Klammern gesetzt ist, haben wir einen einseitigen RQ von 0,41 gemessen; hier betrug aber der Anteil der linken Lunge an der Ventilation nur 5%, an der O_2-Aufnahme 4%, d. h. die Lungenseite war praktisch funktionslos. Lassen wir diesen Fall außer Betracht, so ließ sich errechnen, daß unter unseren Patienten der niedrigste einseitige effektive alveolare O_2-Druck 82,7 mm Hg betrug. Da demnach schon die mittlere O_2-Sättigung des Endcapillarblutes der hypoven-

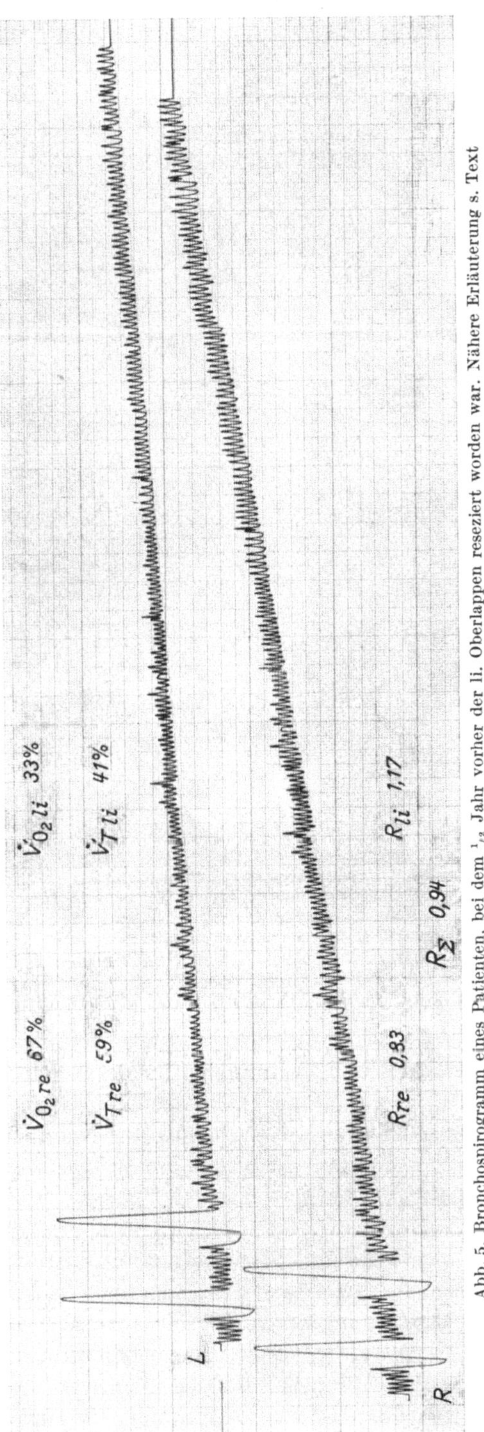

Abb. 5. Bronchospirogramm eines Patienten, bei dem $^1/_2$ Jahr vorher der li. Oberlappen reseziert worden war. Nähere Erläuterung s. Text

tilierten Seite entsprechend der Standardsauerstoffdissoziationskurve ungünstigstenfalls bei 95% lag, war eine O_2-Untersättigung des arterialisierten Mischblutes
durch einseitige Ventilationsbehinderung in keinem Fall nachweisbar, wobei, wie
erwähnt, etwaige Diffusionsgradienten und shunts unberücksichtigt bleiben. Hierbei ist noch zu berücksichtigen, daß der Anteil der gestörten Seite an der Gesamt-
funktion im allgemeinen verringert ist, so daß der gesunde Lungenflügel den Haupt-

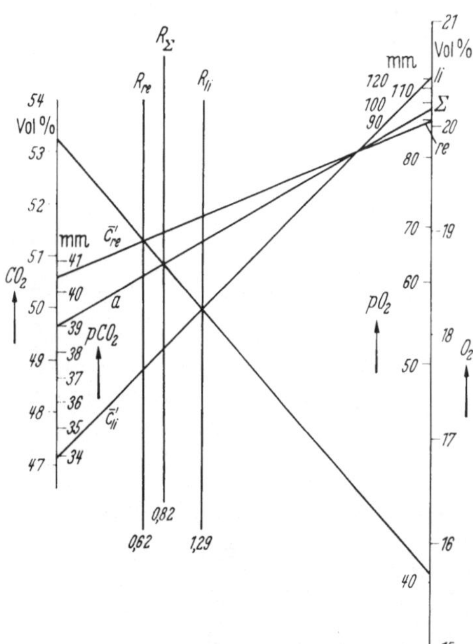

anteil des dem linken Vorhof zuströmen-
den Blutes stellt. Die niedrigste errechnete Sauerstoffsättigung des arterialisierten Mischblutes aller unserer Fälle
betrug 96,5%.

Die Art der Berechnung der jedseitigen effektiven Gasdrucke kann vielleicht
am einfachsten mit einem Nomogramm
(Abb. 6) erläutert werden (5). Die RQ-
Linien der beiden Lungenseiten und der
Gesamt-RQ sind gegeben, eine arterio-
venöse Differenz wird angenommen. Die
CO_2-Spannung des arterialisierten Mischblutes wird der arteriellen CO_2-Spannung
gleichgesetzt, die O_2-Spannung läßt sich
mittels des Gesamt-RQ aus der Alveolar-
formel errechnen. Beide Punkte sind
durch die Linie a verbunden. Sauerstoff-
und CO_2-Gehalt des venösen Mischblutes
sind durch den Gesamt-RQ gegeben, die
Punkte werden mit der Linie $\bar{v}$, die die
a-Linie in der R_Σ-Linie kreuzen muß,
verbunden. Da das venöse Mischblut in
allen Lungenabschnitten die gleiche Zusammensetzung hat, müssen die Geraden,
die die endcapillaren Sauerstoff- und
CO_2-Werte beider Lungenseiten darstel-

Abb. 6. Nomogramm eines 49 jährigen Patienten mit
einer ausgedehnten cirrhotischen Untergeschoßtuber-
kulose li. mit Überdehnung des li. Oberlappens.
re. = rechte Lungenseite, li. = linke Lungenseite,
Σ Gesamtlunge, R respiratorischer Quotient, a arterielles Blut, $\bar{c}'$ Endcapillarblut, $\bar{v}$ venöses Mischblut.
Nähere Erläuterung s. Text

len, die $\bar{v}$-Linie bei den jeweiligen R-Linien der beiden Seiten schneiden. Die endcapillaren CO_2-Spannungen beider Seiten lassen sich bei Kenntnis der prozentualen Durchblutungsgröße aus dem jeweiligen Teil-RQ errechnen. Die prozentuale
Durchblutungsgröße ist aus der vorangegangenen Bronchospirometrie unter
Sauerstoffatmung bekannt. Die beiden c'-Linien, durch die $\bar{v}$-Linie am Kreuzungs-
punkt mit dem jeweiligen RQ gelegt, treffen auf die entsprechenden Sauerstoffwerte.

Eine einseitige Ventilationsstörung ruft also nach unseren Untersuchungen bei
normaler arterieller CO_2-Spannung keine pathologische arterielle Sauerstoffuntersättigung hervor. Die Ursache ist vor allem in der Verminderung der Durchblutung auf der ventilationsbehinderten Seite zu sehen, die jedem Untersucher
durch die Tatsache, daß bei der Bronchospirometrie fast ausnahmslos eine einseitige Ventilationseinschränkung mit einer annähernd entsprechenden Verminderung der Sauerstoffaufnahme einhergeht, bekannt ist.

Innerhalb der Lungenflügel können allerdings wiederum Unterbezirke noch niedrigere respiratorische Quotienten und kleinere Ventilations-Perfusions-Quotienten aufweisen, während andere Unterbezirke kompensatorisch hyperventilieren. Derartige kleinere Areale innerhalb der Lungenseiten würden sich jedoch zusätzlich auf die Zusammensetzung des arterialisierten Mischblutes nur geringfügig auswirken, zumal ohnehin schon der Anteil der ventilationsbehinderten Lungenseite an der Gesamtlunge im allgemeinen geringer ist als derjenige der funktionstüchtigen. Eine p_{O_2}-Differenz von 15 mm zwischen idealer Alveolarluft und arterialisiertem Mischblut dürfte bei unseren Fällen nicht überschritten werden.

Wie verhält es sich nun aber bei der chronischen Bronchitis und beim Lungenemphysem, wo die hypoventilierten Bezirke über die ganze Lunge verteilt sind? Wir haben versucht, den Einfluß einer solchen Verteilungsstörung auf die Arterialisierung des Blutes abzuschätzen. Es ist unserer Meinung nach nicht mit der biologischen Wahrscheinlichkeit zu vereinbaren, daß zur Berechnung der durch eine Verteilungsstörung möglichen AaD die Lunge in zwei oder drei Bezirke mit guter und schlechter Ventilation aufgeteilt wird, wie bereits mehrfach versucht wurde. Wir glauben vielmehr, daß eine biologisch-statistische Verteilung zur Grundlage der Berechnungen gemacht werden muß. Um die mögliche Auswirkung einer pathologischen ungleichmäßigen Ventilation auf die arterielle Sauerstoffsättigung abzuschätzen, haben wir eine Verteilung angenommen, die den ungünstigsten Voraussetzungen entsprechen würde. Erleichtert wird dieses dadurch, daß eine untere Grenze des lokal möglichen respiratorischen Quotienten gegeben ist, indem es nämlich bei Luftatmung einen RQ unter 0,3 nicht geben kann, solange überhaupt in der Alveole ein effektiver Gasaustausch stattfindet, wie ich 1956 hier in Oeynhausen bereits darlegte (4). Ich möchte jedoch diese Verhältnisse noch einmal erläutern. In einem Koordinatensystem mit CO_2-Gehalt des Blutes als Ordinate und O_2-Gehalt als Abszisse (Abb. 7) seien das venöse Mischblut der Pulmonalarterie und der endcapillare Gasgehalt eines beliebigen Lungenbezirkes eingetragen. Verbinden wir diese beiden Punkte, so ist der tangens des Winkels α mit der x-Achse bei $C_{CO_2 \bar{v}}$ gleich dem RQ des diesen Lungenanteil durchströmenden Blutes. Gemäß dem Haldane-Effekt nimmt mit zunehmender Sauerstoffsättigung die CO_2-Bindungsfähigkeit ab. Tragen wir also in ein solches Koordinatensystem eine p_{CO_2}-Linie ein, so beträgt der tangens des Winkels α' am Schnittpunkt der p_{CO_2}- mit der C_{CO_2}-Linie etwa 0,3. Daraus folgt, daß der RQ auch in einem Teilgebiet der Lunge bei Luftatmung nicht kleiner sein kann als 0,3, da die CO_2-Spannung des Lungencapillarblutes während der Alveolarpassage nicht ansteigt. Außerdem würde in einem Lungenbezirk mit einem RQ = 0,3 der alveolare

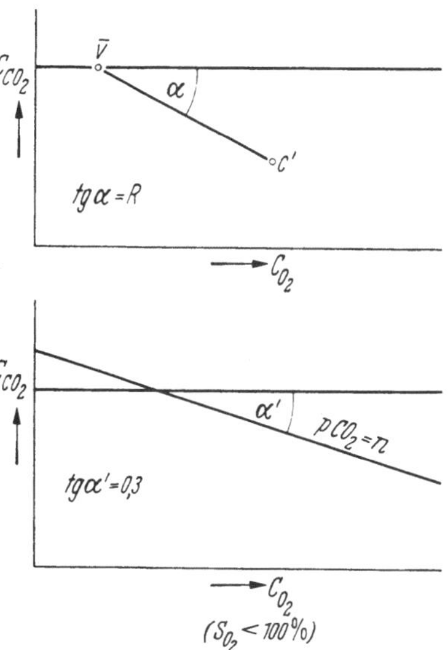

Abb. 7. C_{CO_2} = CO_2-Gehalt des Blutes, C_{O_2} = Sauerstoffgehalt des Blutes. $\bar{v}$ = venöses Mischblut, c' = Endcapillarblut, R = respiratorischer Quotient. S_{O_2} = Sauerstoffsättigung. Erläuterung s. Text

O_2-Druck bereits unterhalb der Sauerstoffspannung des venösen Mischblutes liegen, so daß auch keine O_2-Aufnahme stattfinden könnte. Ein Teil-RQ von 0,3 ist also bei Luftatmung bereits irreal. In Abb. 8 sind die Verhältnisse in einem Diagramm mit p_{CO_2} als Ordinate dargestellt, aus dem deutlich die erläuterte Eigenschaft des $RQ = 0{,}3$ als unterer Grenzwert hervorgeht.

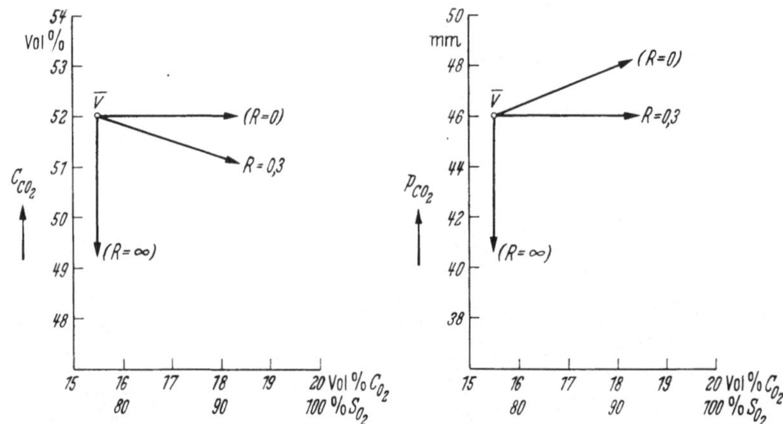

Abb. 8. Symbole wie in Abb. 7. Erläuterung s. Text. Außer der RQ = 0,3-Linie sind die irrealen RQ-Linien für 0 und ∞ eingetragen, um die Orientierung zu erleichtern

Nun ist der alveolare O_2-Druck bekanntlich bei gegebenem CO_2-Druck vom RQ abhängig. Der niedrigstmögliche RQ ist, wie gezeigt, gegeben. Der höchstmögliche ist nur abzuschätzen. Wir wollen aber den für die Berechnung der möglichen arteriellen Hypoxämie ungünstigsten Fall annehmen und auf der anderen

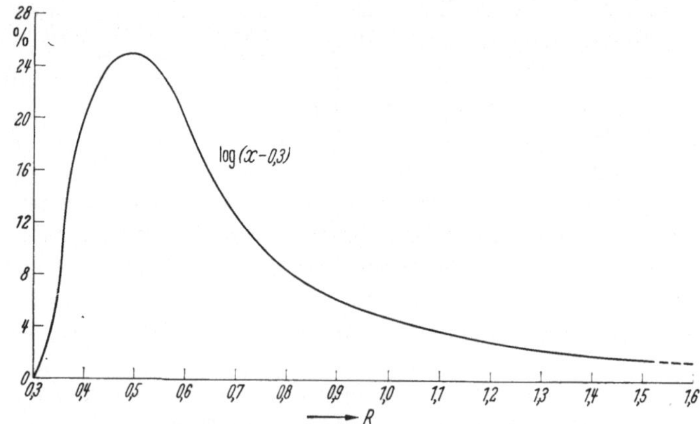

Abb. 9. Linksschiefe lognormale Verteilung bei Annahme eines festen Fluchtpunktes von 0,3, des anderen Fluchtpunktes im Unendlichen. Zentralwert 0,8. R respiratorischer Quotient

Seite einen $RQ = \infty$ einsetzen, wobei wir uns bewußt sind, daß auch dieser Wert bereits irreal ist (Bohr-Effekt). Nehmen wir nun für diesen ungünstigsten Fall als Näherung eine linksschiefe lognormale Verteilung an (2), wobei der feste Fluchtpunkt bei 0,3, der andere Fluchtpunkt wie bei einer Normalverteilung im Unendlichen liegt (Abb. 9) und der Zentralwert 0,8 beträgt entsprechend dem metabolischen RQ, so ergibt sich unter Einsetzung einer normalen arteriellen CO_2-Spannung von 40 mm und einer venösen von 46 mm Hg, daß die Sauerstoffsättigung des gesamten arterialisierten Mischblutes 93,5% beträgt. Wenn man nun überlegt, daß bei einem Teil-RQ von 6 z.B. schon die Ventilations-Perfusionsrelation etwa das Dreißigfache des Normalen betragen würde (Abb. 10), so wird klar, daß diese Berechnung mit dem irrealen Extrem eines $RQ = \infty$ noch ein zu ungünstiges Resultat hinsichtlich der Sauerstoffsättigung des arterialisierten Mischblutes ergibt. Herr THEWS und ich haben die Absicht, Berechnungen mit verschiedenen angenommenen Extremwerten des RQ in hyperventilierten Lungenanteilen durch-

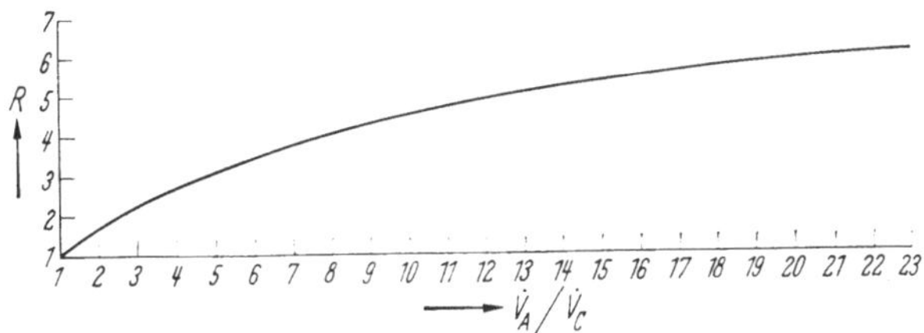

Abb. 10. Beziehungen zwischen Ventilations-Perfusionsverhältnis ($\dot{V}_A/\dot{V}_c$) und respiratorischem Quotienten (R)

zuführen. Je kleiner aber der größtmögliche RQ ist, desto mehr verschiebt sich der Gipfel unserer linksschiefen Verteilung nach rechts und um so höher wird die resultierende mittlere endcapillare Sauerstoffsättigung sein. Jedenfalls kann man unter den erörterten Voraussetzungen annehmen, daß durch eine Verteilungsstörung in dem erwähnten abgegrenzten Sinne mit normaler arterieller CO_2-Spannung ungünstigstenfalls die arterielle Sauerstoffsättigung auf 94% herabgesetzt wird. Setzt man eine Sauerstoffsättigung von 94% gleich einer O_2-Spannung von 80 mm, so dürfte die durch eine reine Verteilungsstörung bedingte alveolo-arterielle O_2-Differenz bei normaler CO_2-Spannung ungünstigstenfalls etwa 20 mm Hg betragen.

Zusammenfassend konnten wir zeigen, daß einseitige Ventilationsstörungen nach unseren Untersuchungen keine pathologischen Sauerstoffuntersättigungen auf Grund ungleichmäßiger Belüftungs-Durchblutungsrelationen hervorgerufen haben. Außerdem möchten wir aber auf Grund der vorgelegten Überlegungen hinsichtlich kleinstem RQ und biologisch-statistischer Verteilung annehmen, daß auch Verteilungsstörungen, die die ganze Lunge betreffen, für sich allein eine stärkere Sauerstoffuntersättigung nicht zu verursachen vermögen, sondern daß hierfür eine sogenannte Globalinsuffizienz (8) mit Erhöhung der arteriellen CO_2-Spannung, oder eine Diffusionsstörung, oder ein shunt erforderlich sind. In Kombination mit einer dieser letztgenannten Störungen kann allerdings auch die Verteilungsstörung erheblich zur Erniedrigung der arteriellen Sauerstoffuntersättigung beitragen, da sich dann die Vorgänge im steilen Teil der Sauerstoffdissoziationskurve abspielen.

Literatur

1. FARHI, L. E., and H. RAHN: A theoretical analysis of the alveolar-arterial O_2-difference with special reference to the distribution effect. J. appl. Physiol. 7, 699 (1955).

2. GEBELEIN, H., u. H. J. HEITE: Statistische Urteilsbildung. Berlin-Göttingen-Heidelberg: Springer-Verlag 1951.

3. HAAB, P., J. PIIPER. and H. RAHN: Attempt to demonstrate the distribution component of the alveolar-arterial oxygen pressure difference. J. appl. Physiol. 15, 235 (1960).

4. HERTZ, C. W.: Störungen der Ventilation. Lungen und kleiner Kreislauf; Bad Oeynhausener Gespräche I, 19.—21. 10. 1956, S. 127. Berlin-Göttingen-Heidelberg: Springer-Verlag 1957.

5. — Untersuchungen über den Einfluß partieller Ventilationsstörungen auf den intrapulmonalen Gaswechsel. Habilitationsschrift, Kiel 1959.

6. — Eine Methode zur Bestimmung der alveolaren Ventilation jeder Lungenseite. Dtsch. Arch. klin. Med. 205, 319 (1958).

7. RILEY, R. L., and A. COURNAND: „Ideal" alveolar air and the analysis of ventilation-perfusion relationships in the lungs. J. appl. Physiol. 1, 825 (1949).

8. ROSSIER, P. H., A. BÜHLMANN u. K. WIESINGER: Physiologie und Pathophysiologie der Atmung. 2. Aufl. Berlin-Göttingen-Heidelberg: Springer-Verlag 1958.

Aus der Medizinischen Abteilung des Silikose-Forschungsinstitutes
der Bergbau-Berufsgenossenschaft Bochum
(Chefarzt: Priv.-Doz. Dr. W. T. ULMER)

Untersuchungen zum alveolär/arteriellen Kohlensäuredruckgradienten

Von

WOLFGANG T. ULMER u. GERHARD REICHEL

Mit 5 Abbildungen

Zur Berechnung der alveolären Ventilation, des funktionellen Totraumes wie zur Bestimmung der „idealen Alveolarluft" wird im allgemeinen der arterielle für den alveolären Kohlensäuredruck in die entsprechenden Formeln eingesetzt [RILEY, COURNAND (1949); ENGHOFF (1938); ROSSIER und MÉAN (1943); RILEY, LILIENTHAL, PROEMMEL und FRANKE (1946); ROSSIER, BÜHLMANN und WIE-SINGER (1958)].

Die Gleichsetzung von alveolärem und arteriellem Kohlensäuredruck hat uneingeschränkte Berechtigung nur, wenn die alveoläre Ventilation in allen Alveolen im gleichen Verhältnis zur Durchblutung steht ($\dot{V}_A/\dot{Q}$ in allen Alveolen gleich).

Die vorliegenden Untersuchungen sollen zu der Frage Stellung nehmen, inwieweit diese Annahme berechtigt ist.

Die Alveolarluft zeigt im Verlauf jedes Atemzuges Druckschwankungen, die in einer „idealen Alveolarluft" nicht zur Darstellung kommen. Hierbei ist gleichgültig, ob der alveoläre Kohlensäuredruck aus einer alveolären Probe oder aus dem arteriellen Blut bestimmt wird. Für die „ideale Alveolarluft" muß ein Mittelwert als repräsentativ eingesetzt werden. Entsprechend den tatsächlichen Verhältnissen sollen im folgenden auch die Beziehungen zwischen Schwankungsbreite des alveolären Kohlensäuredruckes und dem mittleren arteriellen Kohlensäuredruck bzw. dem mittleren alveolären Kohlensäuredruck untersucht werden.

Es werden in dieser Arbeit nur Ergebnisse, die an gesunden Versuchspersonen gewonnen wurden, vorgelegt. Dort, wo im Verlauf der exspiratorischen Kohlensäurekonzentrationskurve oder im Auftreten von alveolär/arteriellen Kohlensäuredruckgradienten auch bei gesunden Versuchspersonen Ansätze zu Störungen erkennbar sind, sollen die Übergänge zur Pathophysiologie der alveolären Ventilation nur kurz gestreift werden.

Methodik

Der alveoläre Kohlensäuredruck wurde fortlaufend mit einem Ultrarotabsorptionsschreiber [BRUCK, HAAS und ULMER (1954)] gemessen. Der Analysator befand sich im Nebenschluß, die Absaugstelle unmittelbar an der Mundöffnung. Die Länge des Schlauches zwischen Mundöffnung und Analysenkammer betrug 50 cm, der Durchmesser des Schlauches 2,5 mm. Die Versuchspersonen atmeten durch ein Gummimundstück bei verschlossener Nase. In das Gummimundstück war der Absaugschlauch durch eine entsprechende Öffnung eingeführt, so daß die Absaugung im Zentralstrom der Atemluft erfolgte. Die Absaugemenge betrug 500 cm³/min.

Der Analysator wurde nach jedem Versuch mit 3 Gasgemischen, die nach Scholander analysiert waren und während der Versuchszeit wiederholt kontrolliert wurden, geeicht. Bei der im Meßbereich linearen Eichkurve genügte die Eichung mit 3 Gemischen.

Da im Analysator der Wasserdampfdruck einer Wasserdampfsättigung bei Zimmertemperatur entsprach, wurde jeweils der von der Eichkurve abgestochene Prozentwert durch Umrechnen auf alveoläre Verhältnisse (Wasserdampfsättigung 37°) korrigiert.

$$\frac{P_B \cdot C_{CO_{2A}} \ (\text{BTPS})}{100}$$ ergab dann den alveolären Kohlensäuredruck.

Den Kohlensäuregehalt des arteriellen Plasmas bestimmten wir mit der manometrischen Apparatur nach van Slyke, die Wasserstoffionenkonzentration bei 37° C mit der Glaselektrode (Firma Ingold) und dem Potentiometer E 148 C der Firma Metrohm. In die Gleichung von Hasselbalch-Henderson zur Errechnung des Kohlensäuredruckes wurden für pK_1 6,11, für α (37° C) 0,521 eingesetzt.

Als Pufferlösung zur Eichung des Potentiometers wurde die Phosphatpufferstammlösung der Firma Beckman verwendet. Mit Hilfe von mit CO_2-Gemischen aufgestellten Dissoziationskurven wurden die Meßanordnung, die Pufferlösung und das Analysenverfahren überprüft und gegebenenfalls der Bezugspufferwert korrigiert. Diese Überprüfung erfolgte während der Versuchszeit jeden zweiten Tag.

Die Messung des Sauerstoffdruckes des arteriellen Blutes geschah mit der teflonüberzogenen Platinelektrode (Firma Eschweiler). Die lineare Eichkurve wurde täglich mit 3 Gasgemischen aufgestellt. Alle mitgeteilten Werte sind aus Doppel- oder Dreifachanalysen errechnete arithmetische Mittel.

Bei Doppelbestimmung wichen die Einzelwerte des arteriellen Kohlensäuredruckes um nicht mehr als $\pm$ 2,0 mm Hg voneinander ab, so daß die Streuung um das arithmetische Mittel sicher geringer ist. Die Doppelbestimmungen des alveolären Kohlensäuredruckes stimmten mit einer Genauigkeit von 0,4 mm Hg überein. Alveolär-arterielle Kohlensäuredruckgradienten, die größer als 2 mm Hg sind, liegen sicher außerhalb der methodischen Schwankungsbreite. Die Doppelbestimmungen des arteriellen Sauerstoffdruckes lagen nicht mehr als 2 mm Hg auseinander.

Insgesamt standen 32 gesunde Versuchspersonen im Versuch, deren mittleres Lebensalter 35,7 Jahre (20—52) betrug. Grundsätzlich wurden die Versuche im Liegen durchgeführt. Punktiert wurde jeweils nach Lokalanästhesie mit 2 cm³ Novocain die Arteria femoralis. Bei den Stehversuchen wurde in die Arteria brachialis eine Verweilkanüle eingelegt. Nachdem im Liegen der erste Meßwert registriert war, standen die Versuchspersonen auf. Nach 2 min Stehen wurde der zweite Meßwert abgenommen.

Während der Entnahme des arteriellen Blutes, was etwa 20 sec dauerte, wurde immer gleichzeitig fortlaufend die Kohlensäurekonzentration in der Atemluft mit Spiegelgalvanometer auf lichtempfindlichem Papier registriert. Die während der Arterienpunktion registrierten alveolären Werte wurden alle ausgewertet und deren Mittelwert mit dem arteriellen Kohlensäuredruck in Beziehung gesetzt.

Von dem alveolären Wert wurde im Alveolarluftanteil der „mittlere alveoläre Kohlensäuredruck" zum zeitlichen Mittel zwischen Mischluft- und Alveolarluftanteil, was den Berechnungen von DuBois, Britt und Fenn (1952) für die Annahme eines mittleren alveolären Kohlensäuredruckes entspricht, abgestochen. Außerdem wurde der endexspiratorische Kohlensäuredruck abgegriffen. Bei einer Versuchsreihe wurde die mittlere Steilheit des Alveolarluftanteiles (mm Hg/sec) berechnet. Bei der ersten Versuchsreihe wurden der alveoläre Kohlensäuredruck zu Beginn des registrierbaren Alveolarluftanteiles und zum Ende der normalen Exspiration sowie die bei tiefer Exspiration unterschiedlicher Dauer gemessenen alveolären Kohlensäuredrucke ausgemessen.

Ergebnisse

I. Versuche im Liegen

Aus den Ergebnissen der ersten Versuchsreihe, die von 20 gesunden Versuchspersonen im Liegen gewonnen wurden, sind der gemessene mittlere arterielle Kohlensäuredruck (38,7 mm Hg) und der mit 7 mm Hg darüberliegend angenommene venöse Kohlensäuredruck in die Abb. 1 eingezeichnet. Darüber hinaus wurden in die Abbildung die Mittelwerte des Beginnes wie des Endes des Alveolarluftanteiles bei normaler Exspiration sowie die Kohlensäuredruckwerte für das Ende des Alveolarluftanteiles bei tiefer Exspiration unterschiedlicher Dauer (6,4 und 13,4 sec) eingetragen.

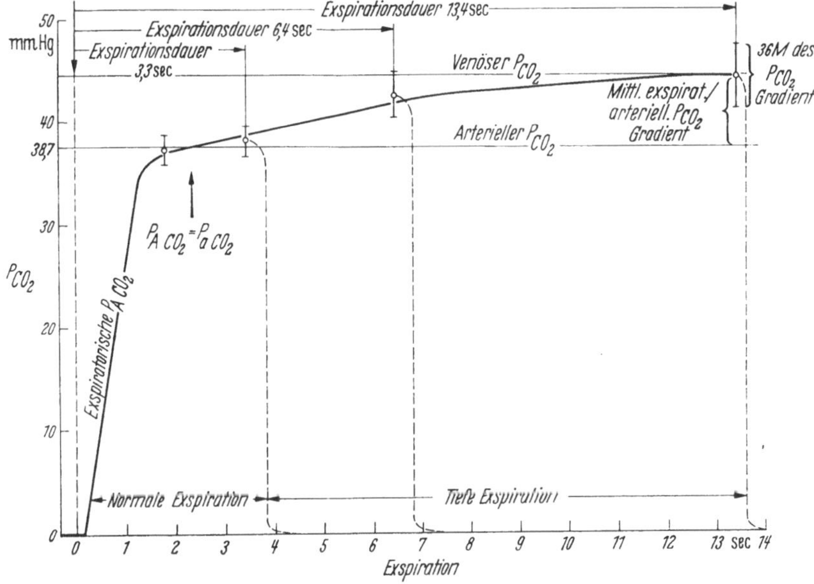

Abb. 1. Beziehung des exspiratorisch-alveolären Kohlensäuredruckes zum arteriellen und venösen Kohlensäuredruck während verschieden langer Exspiration. Der arterielle und exspiratorisch-alveoläre Kohlensäuredruck stellen Mittelwerte von 20 gesunden Versuchspersonen dar. Der venöse Kohlensäuredruck wurde unter Zugrundelegung einer arterio-venösen Kohlensäuredruckdifferenz von 7 mm Hg willkürlich angenommen (aus REICHEL 1960)

Bei dieser Versuchsreihe entspricht der mittlere arterielle Kohlensäuredruck tatsächlich zum zeitlichen Mittel des Mischluft- und Alveolarluftanteiles dem mittleren alveolären Kohlensäuredruck. Um Verwechselungen mit dem „idealen alveolären Kohlensäuredruck" zu vermeiden, wird im folgenden der an der Mundöffnung gemessene als „exspiratorisch-alveolärer Kohlensäuredruck" bezeichnet. Es besteht also bei dieser Versuchsreihe kein exspiratorisch-alveolär/arterieller Kohlensäuredruckgradient. Zu Beginn des Alveolarluftanteiles, was dem zeitlichen Mittel der Exspiration entspricht, lag der arterielle Kohlensäuredruck um 0,41 mm Hg höher. $3\sigma_M$ dieses Gradienten betrug $\pm$ 1,17 mm Hg, woraus ersichtlich ist, daß um diesen Idealwert nicht unerhebliche Schwankungen physiologischerweise und aus methodischen Gründen vorhanden sind. Nach 3,3 sec, zum Ende der Exspiration, wurde der exspiratorisch-alveoläre Wert um 0,53 mm Hg über dem arteriellen Kohlensäuredruck liegend gemessen. $3\sigma_M$ für

diesen Gradienten betrug $\pm$ 1,42 mm Hg, was besagt, daß Einzelwerte durchaus
auch am Ende der Exspiration deutlich über, aber auch unter dem arteriellen
Wert zu erwarten sind. Bei tiefer Exspiration besteht ein statistisch zu sichernder
exspiratorisch-alveolär/arterieller Kohlensäuredruckgradient, wobei nach 6,4 sec
Exspiration der Gradient 5,25 mm Hg ($3\sigma_M = \pm$ 2,2 mm Hg) betrug, nach 13 sec
lag der alveoläre Kohlensäuredruck um 6,4 mm Hg über dem arteriellen mit
einem $3\sigma_M$ von $\pm$ 4,5 mm Hg.

Tab. 1. *Alveoläre Kohlensäuredruckwerte zum zeitlichen Mittel und zum Ende einer normalen
Exspiration wie zum Ende einer tiefen Exspiration und die gleichzeitig gemessenen arteriellen
Kohlensäuredruckwerte ($P_a CO_2$) bei gesunden Versuchspersonen, deren arterieller Sauerstoff-
druck ($P_a O_2$) unter 78 mm Hg lag*

Versuchs-Nr.	$P_a CO_2$	Zeitl. Mittel der Exspiration $P_a CO_2 - P_A CO_2$	End-exspiratorisch $P_a CO_2 - P_A CO_2$	Tiefe Exspiration endexspiratorisch $P_a CO_2 - P_A CO_2$	$P_a CO_2$	Alter
25	$-$38,1	$+$3,2	$+$2,4	$-$2,1	65	37
28	36,9	$+$2,0	$+$1,0	$+$0,4	70	34
33	41,0	—	$+$5,7	$-$5,0	75	52
M	38,6	$+$2,6	$+$3,03	$-$2,23	70	41

Die mittlere Steilheit des Alveolarluftanteiles betrug bei dieser Versuchsreihe
während der normalen Exspiration 0,57 mm Hg/sec.

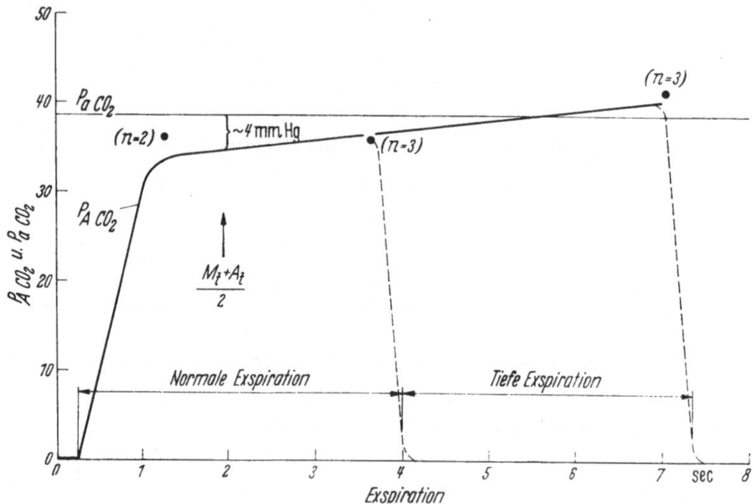

Abb. 2. Beziehung des exspiratorisch-alveolären Kohlensäuredruckes zum arteriellen Kohlensäuredruck bei normaler und tiefer Exspiration von 3 „gesunden" Versuchspersonen, deren arterieller Sauerstoffdruck im Mittel
70 mm Hg betrug. Zum zeitlichen Mittel zwischen Mischluft- und Alveolarluftanteil $\frac{(M_t + A_t)}{2}$ wird ein
exspiratorisch-alveolär-arterieller Kohlensäuredruckgradient von 4 mm Hg gemessen. Auch endexspiratorisch
besteht noch ein Kohlensäuredruckgradient von 3 mm Hg. Erst bei tiefer Exspiration übersteigt der
exspiratorisch-alveoläre Kohlensäuredruck den arteriellen

Wir haben aus dieser Versuchsreihe 3 Versuche herausgenommen, da deren
Sauerstoffdruckwerte unter 77 mm Hg lagen (mittlerer $P_a O_2 = 70$ mm Hg). Ob-

wohl wir keinen Anhaltspunkt bei diesen Versuchspersonen für eine Erkrankung der Thoraxorgane haben, fielen die Sauerstoffdruckwerte bei dieser Versuchsgruppe gegenüber dem Mittelwert der ersten Versuchsreihe von 89 mm Hg doch deutlich heraus. Das mittlere Lebensalter dieser drei Versuchspersonen betrug 41 Jahre. Die Meßwerte sind in Tab. 1 aufgetragen. Abb. 2 stellt die aus diesen Werten konstruierte Beziehung zwischen dem expiratorisch-alveolären und arteriellen Kohlensäuredruck dar.

II. Stehversuche

Die im Liegen gewonnenen Ergebnisse und die nach 2 min Stehen erhaltenen sind in Tab. 2 wiedergegeben.

Tab. 2. *Arterieller Sauerstoffdruck und alveolärer wie arterieller Kohlensäuredruck im Liegen und nach 2 min Stehen. Der alveoläre Kohlensäuredruck wurde in dieser Versuchsreihe zum zeitlichen Mittel des Mischluft- und Alveolarluftanteiles ($P_{A_1}CO_2$) und am Ende der normalen Exspiration ($P_{A_2}CO_2$) gemessen.*

Versuch-Nr.		$P_a CO_2$	$P_{A_1} CO_2$	$P_{A_2} CO_2$	$P_a CO_2 - P_{A_1} CO_2$	$P_a CO_2 - P_{A_2} CO_2$	$P_a O_2$
46	liegend	33,2	34,7	36,0	$-1,5$	$-2,8$	95
	stehend	36,2	33,7	34,6	$+2,5$	$+1,6$	78
36	liegend	37,0	35,7	36,4	$+1,3$	$+0,6$	85
	stehend	41,6	35,5	36,5	$+6,1$	$+5,1$	67
37	liegend	38,1	36,2	37,2	$+1,9$	$+0,9$	94
	stehend	35,8	31,1	32,1	$+4,7$	$+3,7$	82
47	liegend	33,1	—	37,2	—	$-4,1$	97
	stehend	31,8	—	29,8	—	$+2,0$	—
49	liegend	38,5	39,2	40,5	$-0,7$	$-2,0$	89
	stehend	39,6	34,5	36,5	$+5,1$	$+3,1$	80
50	liegend	34,9	32,6	33,2	$+2,3$	$+1,7$	83
	stehend	34,6	33,3	34,4	$+1,3$	$+0,2$	74
51	liegend	28,7	29,3	30,4	$-0,6$	$-1,7$	95
	stehend	32,0	30,8	31,9	$+1,2$	$+0,1$	77
M $n=7$	liegend	34,79 ohne Vers. 47 (35,1)	34,6	35,84	$+0,5$	$-1,05$	ohne Vers. 47 90,2
	stehend	35,94 ohne Vers. 47 (36,63)	33,15	33,68	$+3,48$	$+2,26$	76,3
	stehend-liegend	$\Delta = +1,15$	—	—	$\Delta = +2,98$	$\Delta = +3,31$	$\Delta = -13,9$

Abb. 3 zeigt die aus den Werten der Tab. 2 zu errechnende Mittelwertkurve. Im Liegen entsprechen die Ergebnisse etwa denen der ersten Versuchsreihe. Der alveoläre Kohlensäuredruck stimmt mit dem arteriellen allerdings erst deutlich nach dem zeitlichen Mittel des Mischluft- und Alveolarluftanteiles überein. Diese Ergebnisse liegen aber innerhalb der Streubreite. Nach 2 min Stehen kommt es aber zu einem deutlichen exspiratorisch-alveolär/arteriellen Kohlensäuredruckgradienten, $P_{a CO_2} - P_{A_1 CO_2}$ steigt von 0,5 auf 3,48 an. Selbst zum Endpunkt der Exspiration liegt nach dem Stehen der exspiratorisch alveoläre Kohlensäuredruck noch um 2,26 mm Hg unter dem arteriellen, während er im Liegen 1,05 mm Hg im Mittel über dem arteriellen Wert lag.

Obwohl der mittlere arterielle Kohlensäuredruck keine wesentliche Änderung erkennen ließ (34,79 liegend; 35,94 stehend), sank der arterielle Sauerstoffdruck um 13,9 mm Hg von 90,2 im Mittel nach 76,3 mm Hg ab. Der tiefste $P_{a\,O_2}$ betrug im Stehen 67 mm Hg, was einer Sauerstoffsättigung von 92% entspricht. Im Mittel sinkt die Sättigung des arteriellen Blutes von 96,3 nach 94% ab.

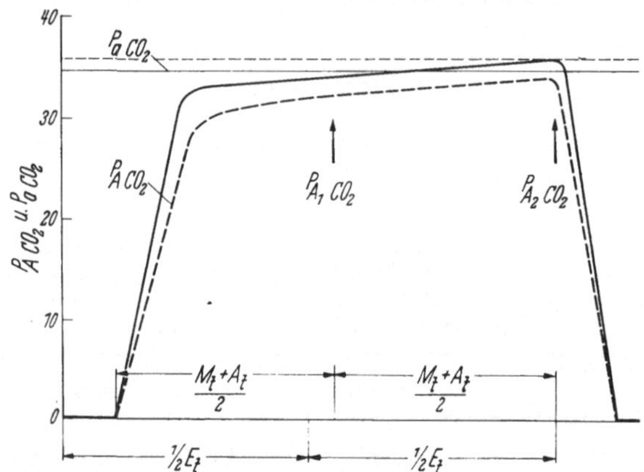

Abb. 3. Beziehung des exspiratorisch-alveolären Kohlensäuredruckes zum arteriellen Kohlensäuredruck im Liegen (————-Kurven) und nach 2 min Stehen (- - - -Kurven). Die alveolären Meßpunkte lagen am zeitlichen Mittel des Mischluft- und Alveolarluftanteiles $\dfrac{(M_t + A_t)}{2}$ und am Endpunkt der normalen Exspiration (E_t)

Diskussion

Der tatsächliche Verlauf der „idealen Kohlensäuredruckkurve" wäre an der Mundöffnung nur meßbar, wenn

1. die Ausatmungsgeschwindigkeit während der Ausatmung des Alveolarluftanteiles konstant bleibt,

2. die Ventilation in allen Alveolargebieten der Durchblutung entspricht ($\dot{V}_A/\dot{Q}_A$ überall gleich),

3. die Diffusion in allen Alveolargebieten der Durchblutung entspricht ($D_{CO_2}/\dot{Q}_A$ überall gleich).

Da bei gesunden Versuchspersonen schon im Liegen nicht unerhebliche exspiratorisch-alveolär/arterielle Kohlensäuredruckgradienten meßbar sind (Tab. 1 und Abb. 2) und da solche auch bei gesunden Versuchspersonen immer im Stehen auftreten, ist zu diskutieren, welche der 3 Störmöglichkeiten als Ursache für das Auftreten der exspiratorisch-alveolär/arteriellen Kohlensäuredruckgradienten in Frage kommen.

Zu 1. Die Ausatemgeschwindigkeit ist nicht konstant. Somit muß eine Meßungenauigkeit zustande kommen. Einmal saugt der Ultrarotabsorptionsschreiber während der Ausatmung immer eine konstante Menge des ausgeatmeten Gasvolumens ab. Da der alveoläre Kohlensäuredruck während der Ausatmung ansteigt und die Ausatemgeschwindigkeit mit länger dauernder Exspiration während des Alveolarluftanteiles abnimmt, wird von dem Gas, welches höhere Kohlensäurekonzentrationen enthält, etwas mehr abgesaugt, so daß mit langsamer werdender Exspiration im Verhältnis zum tatsächlichen im Alveolarraum vorhandenen Anstieg des Kohlensäuredruckes ein etwas zu steiler Anstieg registriert wird. Abb. 4 stellt diese Zusammenhänge dar. Die schraffierte Fläche entspricht dem bei verschiedenen Ausatemgeschwindigkeiten abgesaugten Gasvolumen. Da die Ausatemgeschwindigkeit langsamer wird, wandert die tatsächlich angezeigte Konzentration näher zum Mundstück (von $c \to b \to a$).

Die hierdurch zustande kommende Differenz beträgt für extreme Verhältnisse berechnet (Ausatemgeschwindigkeit dem 1-Sekundenwert entsprechend/zu Atemstillstand) 0,8 mm Hg. Bei normaler Atmung ist hierdurch mit einem während

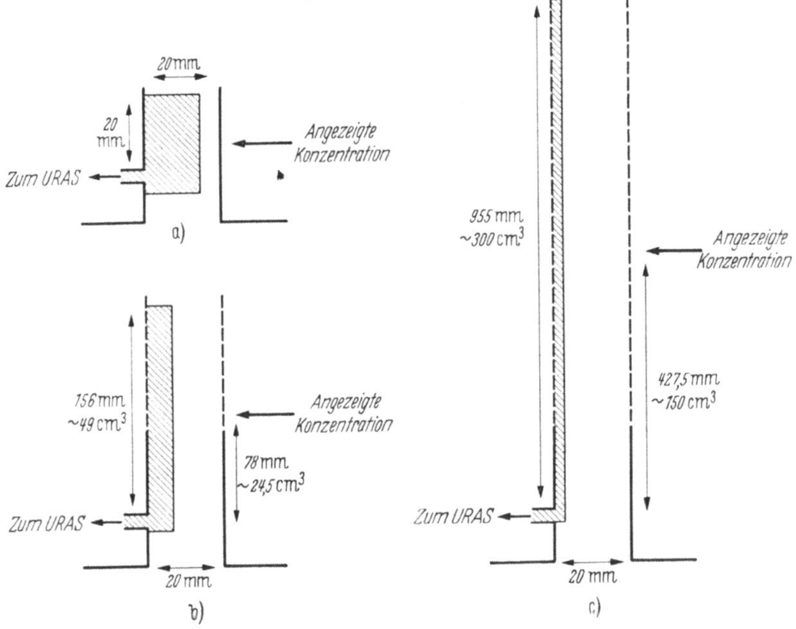

Abb. 4. Verschiebung des Meßpunktes (angezeigte Konzentration) während der Exspiration bei langsamer werdender Exspirationsgeschwindigkeit ($c \to b \to a$). Die Steilheit der exspiratorischen Kohlensäurekonzentrationskurve wird hierdurch im Verhältnis zu den tatsächlichen Gegebenheiten im Alveolarraum etwas zu steil aufgezeichnet

der Ausatmung um etwa 0,4 mm Hg zu steilen Anstieg des Alveolarluftanteiles zu rechnen. Von der Mitte des Alveolarluftanteiles an, also während des Kurvenverlaufes, der besonders interessiert, sind die Verschiebungen allerdings nur noch minimal, da die Ausatemgeschwindigkeit von hier ab nicht mehr sehr variiert.

Da zwischen dem Alveolarraum und der Meßstelle der anatomische Totraum zwischengeschaltet ist, muß mit einer zeitlichen Verzögerung der Anzeige des exspiratorisch alveolären Wertes gegenüber dem tatsächlichen alveolären Wert gerechnet werden. Diese zeitliche Verzögerung bringt deshalb eine Verzeichnung der exspiratorisch registrierbaren Kurve, da die Verzögerung mit zunehmender Ausatmungsdauer größer wird. Da gegen Ende der Ausatmung die Ausatemgeschwindigkeit relativ konstant bleibt, wird nur mit geringgradigen Verschiebungen zu rechnen sein. Wenn die Ausatemgeschwindigkeit langsamer wird, wird hierdurch ein relativ zu geringer Anstieg des Alveolarluftanteiles registriert. Zum Endpunkt der Exspiration liegt durch diese Faktoren bedingt der an der Mundöffnung meßbare Wert um 1—2 mm Hg unter dem tatsächlich zur gleichen Zeit im Alveolarraum vorhandenen Kohlensäuredruck.

Allein durch diese methodischen, physiologischen und anatomischen Gegebenheiten ist zum zeitlichen Mittel des Mischluft- und Alveolarluftanteiles ein exspiratorisch-alveolär/arterieller Kohlensäuredruckgradient von 1 mm Hg möglich. Unsere Messungen bei verschiedenen Versuchsreihen an gesunden Versuchspersonen zeigten allerdings, daß im Mittel die Gradienten bei 0—0,5 mm Hg (Tab. 2 und Abb. 1) liegen. Es ist aber im Einzelfall möglich, daß der exspiratorisch-alveoläre und der arterielle Kohlensäuredruck erst nach etwa 1—1,5 sec nach dem zeitlichen Mittel des Mischluft- und Alveolarluftanteiles übereinstimmen.

Zu 2. Größere Differenzen zwischen dem exspiratorisch-alveolären und arteriellen Kohlensäuredruck müssen Ausdruck von Verteilungsstörungen sein. Diese Aussage kann generell gelten, wenn der arterio-venöse Kurzschluß ($\dot{V}_A/\dot{Q}_A = 0$) und wenn Gebiete, die nicht mehr durchblutet, aber noch belüftet werden (echter Paralleltotraum $\dot{V}_A/\dot{Q}_A = \infty$), als Extremfälle der Verteilungsstörung aufgefaßt werden. Eine ähnliche Einteilung führte Piiper durch.

Bei der Verteilungsstörung (ohne Berücksichtigung der Diffusion) kann $\dot{Q}$ gestört und die alveoläre Ventilation konstant sein. Diese zirkulatorischen Verteilungsstörungen zeigen bei normalem Kurvenverlauf der exspiratorischen Kohlensäurekonzentrationskurve einen dem Schweregrad der Störung entsprechenden exspiratorisch-alveolär/arteriellen Kohlensäuredruckgradienten. Ist aber, wie bei den ventilatorischen Verteilungsstörungen, $\dot{V}_A$ gestört bei nicht angepaßter Durchblutung, so gibt es hierbei zwei Möglichkeiten (Ulmer 1960a und b). Die Ventilation kann einmal dadurch gestört sein, daß die Dehnbarkeitsverhältnisse verschiedener Alveolargebiete unterschiedlich sind, was bei Fibrosierungsprozessen vorkommt. Diese ventilatorische Verteilungsstörung vom restriktiven Typ unterscheidet sich von Ventilationsstörungen, die durch unterschiedliche Widerstände in den zuführenden Atemwegen zustande kommen. Diese bei obstruktiven Prozessen zu beobachtende ventilatorische Verteilungsstörung verursacht klinisch die schwersten Störungen der alveolären Ventilation.

Aus der Beziehung, wie sie für den Phasenwinkel zwischen Druck und Strömungsgeschwindigkeit bei sinusförmigen Schwingungen gilt [Otis u. Mitarb.(1956)], läßt sich ableiten, daß sowohl die restriktive wie die obstruktive Verteilungsstörung eine Verzerrung des Kurvenverlaufes der exspiratorischen Kohlensäurekonzentrationskurve hervorrufen muß. Für die Phasenverschiebung gilt dann

$$\operatorname{tg} \theta = \frac{1}{R \cdot C \cdot 2\pi f}.$$

Da in den Gebieten mit Obstruktionen der Phasenwinkel klein wird (R = Resistance wird groß) und in solchen mit schlechterer Dehnbarkeit die Compliance klein ist, wird eine bei beiden Störungen entgegengesetzte Phasenverschiebung zustande kommen. Bei der obstruktiven Verteilungsstörung werden die relativ hyperventilierten Alveolargebiete zuerst ausgeatmet und die schlechter ventilierbaren zum Ende der Exspiration. Bei der restriktiven Verteilungsstörung ist die Exspirationsfolge gerade umgekehrt. Die Abb. 5 zeigt diese Zusammenhänge schematisch.

Reichel (1961) konnte auch an einem Lungenmodell, bei dem in verschiedenen Partien die Resistance wie die Compliance geändert werden konnten, diese typischen Kurvenverläufe registrieren.

Bei den restriktiven Prozessen ist die Abweichung des Kurvenverlaufes von der Norm nur relativ geringgradig und für den Einzelfall nicht signifikant. Bei den obstruktiven Prozessen sind die Abweichungen von der Norm oft ganz erheblich.

Hieraus ist zu schließen, daß bei restriktiven Prozessen der meßbare exspiratorisch-alveolär/arterielle Kohlensäuredruckgradient relativ gut abgreifbar ist und daß die Verschiebung der Kurve über die methodische Verzeichnung hinaus

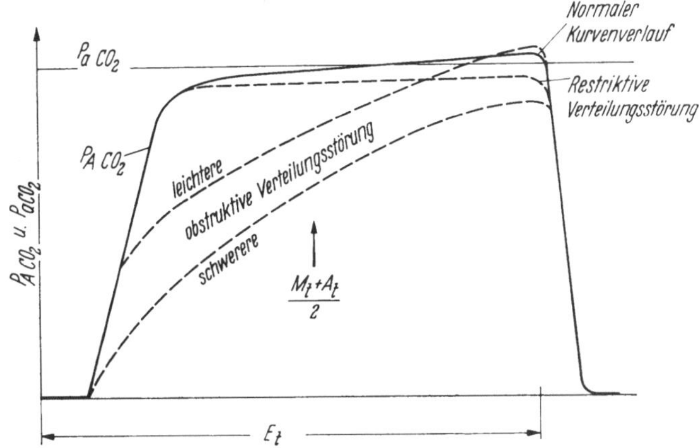

Abb. 5. Kurvenverläufe der exspiratorischen Kohlensäurekonzentrationskurve: normaler Verlauf, bei leichterer und schwererer obstruktiver Verteilungsstörung, bei restriktiver Verteilungsstörung und deren Beziehungen zum Kohlensäuredruck des arteriellen Blutes

keinen wesentlichen Einfluß auf den Gradienten gewinnt. Bei normalem Kurvenverlauf werden Gradienten, die größer als 2 mm Hg sind, den Verdacht auf eine Verteilungsstörung nahelegen; Gradienten über 3 mm Hg lassen eine Verteilungsstörung sicher annehmen.

Bei Obstruktionen ist die Messung eines auch nur einigermaßen repräsentativen exspiratorisch-alveolären Kohlensäuredruckes nicht möglich. Der endexspiratorisch-alveolär/arterielle Kohlensäuredruckgradient, wobei bei diesen Störungen häufiger auch endexspiratorisch der alveoläre Kohlensäuredruck noch deutlich unter dem arteriellen liegt, gibt aber ein gutes Maß für den Schweregrad der Störung. Wir haben Gradienten bis zu 18 mm Hg gesehen. Der „mittlere exspiratorisch-alveoläre" Kohlensäuredruck kann zwischen dem endexspiratorischen und arteriellen, er kann aber auch unter dem endexspiratorischen Kohlensäuredruck liegen.

Zu 3. Störungen des Diffusions/Durchblutungsverhältnisses, wie sie als Ursache für Sauerstoffdruckgradienten angenommen werden müssen [VISSER und MAAS (1959) und PIIPER], haben für exspiratorisch-alveolär/arterielle Kohlensäuredruckgradienten, wegen der guten Diffusionseigenschaften der Kohlensäure, kaum einen meßbaren Einfluß. Gerade in diesem Unterschied zum Sauerstoff liegt die Bedeutung der Kohlensäuredruckgradienten, weil für ihre Erklärung Diffusionsprobleme vernachlässigt werden dürfen.

Bei dem Versuch, die Meßergebnisse entsprechend diesen Überlegungen zu deuten, kann zunächst die Behauptung aufrechterhalten werden, daß im Liegen bei vielen „Normalpersonen" keine auf die Blutgaswerte wesentlich einwirkende Verteilungsstörungen vorliegen. Bei einigen gesunden Versuchspersonen läßt sich allerdings auch im Liegen ein deutlicher exspiratorisch-alveolär/arterieller Kohlensäuredruckgradient nachweisen, bei dem wohl vorwiegend die Durchblutung nicht an die Ventilation angepaßt ist. Vielleicht spielt auch eine ungleichmäßige Dehnbarkeit der Alveolarbezirke eine Rolle. Daß die Lunge in verschiedenen Bezirken unterschiedlich dehnbar ist, konnte FRANK, der bei Hundelungen in verschiedenen Lungenlappen unterschiedliche Ruhedehnungskurven erhielt, zeigen.

Wie stark bei solchen exspiratorisch-alveolär/arteriellen Kohlensäuredruckgradienten die Störung des Verhältnisses von Ventilation zu Perfusion ist, läßt sich an einem zweialveolären Lungenmodell berechnen [ULMER (1961)]. Ein Gradient von 4 mm Hg (Abb. 2) würde bei einem arteriellen Sauerstoffdruck von 70 mm Hg bedeuten, daß etwa 55% des Blutes mit einem Ventilations/Perfusionsverhältnis von 0,43, also mit nur knapp der Hälfte dessen ventiliert würden, was der Durchblutung entsprechen sollte. 45% des Blutes müssen dann, damit der arterielle Kohlensäuredruck im Normbereich bleibt, mit einem Ventilations/Durchblutungsverhältnis von 1,9 die Lunge passieren. Gegenüber der alveolären Ventilation bei gleichmäßigem Ventilations/Perfusionsverhältnis wäre hierdurch eine Steigerung der alveolären Ventilation um etwa 7% nötig. Je weiter die Einzelwerte um die Werte des zweialveolären Lungenmodelles, wie es zur Berechnung verwendet wurde, streuen, um so stärker wirkt sich die Störung auf die notwendig werdende Ventilationssteigerung und den Sauerstoffdruck des gemischten arteriellen Blutes aus.

Es ist anzunehmen, daß zwischen diesen in unserer Versuchsreihe (Tab. 1 und Abb. 2) extremen Werten und einer annähernd gleichmäßig zusammengesetzten Alveolarluft auch im Liegen alle Übergänge vorkommen. LILLINGTON, FOWLER, MILLER und HELMHOLZ (1959) kamen auf Grund bronchospirometrischer Untersuchungen zu dem Ergebnis, daß die alveoläre Ventilation immer ungleichmäßig ist. BRISCOE (1959a) kommt zu dem Ergebnis, daß bei Gesunden ein exspiratorisch-alveolär/arterieller Kohlensäuredruckgradient von 0,8 mm Hg durch ungleichmäßige Ventilation vorhanden ist. Der größte Teil der alveolär/arteriellen Druckgradienten sei Folge der ungleichmäßigen Zusammensetzung der Alveolarluft (1959b). BRISCOE (1959a) folgert, daß bei Lungenfunktionsstörungen (Emphysematikern) Kohlensäuredruckgradienten von 15 mm Hg auftreten können, was den von uns gefundenen Werten — der höchste Wert lag bei 18 mm Hg — entspricht.

Wie schwer bei solchen Krankheitsbildern das Ventilations/Perfusionsverhältnis gestört sein muß, läßt sich aus den für die gesunden Versuchspersonen gegebenen Zahlen vermuten; Berechnungen finden sich für pathologische Fälle bei BRISCOE (1959) und ULMER (1961).

Wenn unsere Untersuchungen annehmen lassen, daß auch physiologischerweise selbst im Liegen Störungen des Verhältnisses Ventilation/Perfusion vorkommen und daß diese Störungen, wenn sie durch Ventilationsänderungen verursacht werden, eine Änderung des Kurvenverlaufes im Alveolarluftanteil zur Folge haben, so erscheint es sehr problematisch, aus dem Kurvenverlauf und der gemessenen Kohlensäureabgabe/Zeiteinheit die Größe des Raumes zu bestimmen, welcher der Kohlensäure in der Lunge zur Aufnahme zur Verfügung steht. Von DuBois, BRITT und FENN (1952) wurden Messungen nach Atemanhalten durchgeführt. Messungen nach Atemanhalten verschieden langer Zeiten sind zuverlässiger, da immer eine Angleichung der $P_{A\,CO_2}$-Werte auch bei unterschiedlichem Ventilations/Perfusionsverhältnis zustande kommt. Eine Berechnung des „equivalent lung volumen" für $\mathrm{\dot{C}O_2}$ aus dem Verlauf einer exspiratorischen Kohlensäurekonzentrationskurve könnte nur Gültigkeit haben, wenn $\dot{V}/\dot{Q}$ überall gleich wäre. $\dot{V}$ kann aber der Durchblutung nur dann entsprechen, wenn $C/\dot{Q}$ und $R/\dot{Q}$ überall in der Lunge gleich groß sind. C bedeutet Compliance und R Resistance. Diese Gleichheit kann aber schon im Liegen nicht immer angenommen werden.

Wir fanden eine mittlere Steilheit des Alveolarluftanteiles, die bei verschiedenen Versuchsreihen zwischen 0,57 und 1,5 mm Hg/sec schwankte. SIVERTSON und FOWLER (1956) berichten über eine Schwankungsbreite/sec im Alveolarluftanteil, die zwischen 0,5 und 1,9 mm Hg/sec liegt, mit einem Mittelwert, der um 1 mm Hg/sec angegeben wird.

Die aus dem Gasvolumen und der Kohlensäureabgabe errechnete Steilheit betrug 0,38 bzw. 1,25 mm Hg/sec. Die gemessenen Werte liegen also höher als die errechneten, obwohl, würde das von DuBois, BRITT und FENN angenommene „equivalent lung volumen" für CO_2, welches zu Beginn der Inspiration um 40% über dem zur Verfügung stehenden Gasvolumen lag, eingesetzt, die gemessene Steilheit unter der errechneten liegen müßte. Diese Ergebnisse sprechen dafür, daß der gemessene Kurvenverlauf im Mittel etwas steiler ist, als bei ganz gleichmäßigem Ventilations/Perfusionsverhältnis zu erwarten wäre. Unterschiedliche Resistancewerte in der Lunge werden hierfür verantwortlich sein.

Im Stehen kommt es aber bei allen gesunden Versuchspersonen zu einem ganz erheblichen exspiratorisch-alveolär/arteriellen Kohlensäuredruckgradienten (Tab. 2 und Abb. 3), der im Mittel 3,48 mm Hg betrug. Das gleichzeitige Absinken des arteriellen Sauerstoffdruckes um 13,9 mm Hg auf 76,3 mm Hg läßt keine andere Erklärung als das Manifestwerden einer ausgesprochenen Verteilungsstörung zu. Aus dem zweialveolären Lungenmodell läßt sich der Schweregrad dieser Verteilungsstörung abschätzen. Der Gradient von 3,48 mm Hg und der Sauerstoffdruck von 76,3 mm Hg würden bedeuten, daß etwa 50% des Blutes nur mit knapp der Hälfte dessen ventiliert werden, was der Durchblutung entsprechen müßte. 50% müssen dann mit etwa dem 1,85fachen im Verhältnis zur Durchblutung ventiliert werden. Die alveoläre Ventilation müßte hierbei um etwa 7% gesteigert werden.

Es wird deutlich, welchen erheblichen Störungen solche alveolär/arteriellen Kohlensäuredruckgradienten entsprechen und mit welch erheblichen Ungleichmäßigkeiten des Ventilations/Perfusionsverhältnisses gerechnet werden muß.

RILEY, PERMUTT, SAID, GODFREY, CHENG, HOWELL und SHEPARD (1959), die ebenfalls Untersuchungen im Liegen und im Stehen mit der Frage der Totraumveränderung durchführten, berechneten überschlagmäßig, daß im Stehen, wenn sie ein Ventilations/Perfusionsverhältnis ($\dot{V}_A/\dot{Q}_A$) von ∞ annahmen, 14,5% der Alveolen nicht durchblutet, aber belüftet werden. Die Berechnung unserer Werte in ähnlicher Art wie die der genannten Autoren gibt einen Zuwachs vom Liegen zum Stehen an nicht perfundiertem, aber ventiliertem Alveolargebiet von etwa 8,5%. Es muß aber betont werden, daß diese Überschlagswerte sicher nicht den tatsächlichen Verhältnissen entsprechen, da bei der Betrachtung der Lunge als zweialveoläres Modell die von uns gemessenen Sauerstoffdruckwerte ein Durchblutungs/Belüftungsverhältnis erfordern, wie es oben schon angegeben wurde.

Eine sichere Änderung der Steilheit des Alveolarluftanteils bei dem Vergleich zwischen Liegen und Stehen war nicht festzustellen (im Liegen 1,735, im Stehen 2,26 mm Hg/sec). Da sich bei der Lageänderung die Größe des Residualvolumens und die CO_2-Abgabe pro Zeiteinheit ändern, lassen diese Meßwerte keine endgültige Aussage zu, welche Art der möglichen Verteilungsstörungen bei der Lageänderung vom Liegen zum Stehen zustande kommt. Da sich der Kurvenverlauf der exspiratorischen Kohlensäurekonzentrationskurve nur gering ändert, scheint es, daß am wesentlichsten die Größe der Durchblutung bei nicht entsprechend angepaßter Ventilation geändert wird. Änderungen der Compliance oder der Resistance scheinen nicht wesentlich zu sein. Hierfür sprechen auch die Untersuchungen von LIM und LUFT (1959), die fanden, daß bei Menschen keine Veränderung der spezifischen Compliance bei Lageänderung vom Liegen zum Stehen zustande kommt.

Zusammenfassung

An Hand von gleichzeitigen Messungen des alveolären und arteriellen Kohlensäuredruckes sowie des arteriellen Sauerstoffdruckes bei gesunden Versuchspersonen wird die Bedeutung exspiratorisch-alveolär/arterieller Kohlensäuredruckgradienten diskutiert. Diese Gradienten werden als Ausdruck von Verteilungsstörungen aufgefaßt. Erst Kohlensäuredruckgradienten von über 2,5 mm Hg können aus methodischen Gründen als sichere Zeichen einer Verteilungsstörung gedeutet werden, die dann allerdings schon einer erheblichen Ungleichmäßigkeit des Belüftungs/Durchblutungsverhältnisses entspricht. Exspiratorisch-alveolär/arterielle Kohlensäuredruckgradienten können durch restriktive ventilatorische und obstruktive ventilatorische Verteilungsstörungen wie durch zirkulatorische Verteilungsstörung hervorgerufen werden. Ventilatorische Verteilungsstörungen verändern den Kurvenverlauf im Alveolarluftanteil der exspiratorischen Kohlensäurekonzentrationskurve.

Im Stehen kommt es bei allen gesunden Versuchspersonen zu einem sicheren exspiratorisch-alveolär/arteriellen Kohlensäuredruckgradienten. Auch das gleichzeitige Absinken des arteriellen Sauerstoffdruckes spricht für das Auftreten einer massiveren Verteilungsstörung, deren Zustandekommen vor allem in Änderungen der Durchblutung, denen die Ventilation nicht angepaßt wird, zu sehen ist.

Literatur

1. BRISCOE, W. A.:[a] A method for dealing with data concerning uneven ventilation of the lung and its effects on blood gas transfer. J. appl. Physiol. **14**, 291 (1959); [b] Comparison between alveolo arterial gradient predicted from mixing studies and the observed gradient. J. appl. Physiol. **14**, 299 (1959).
2. — The variability of behavior within the emphysematous lung. Amer. Rev. Resp. Dis. **80**, 136 (1959).
3. BRUCK, A., PH. HAAS u. W. ULMER: Ein schnellanzeigender Ultrarotabsorptionsschreiber zur fortlaufenden Messung der Kohlensäurekonzentration in der Atemluft. Pflügers Arch. ges. Physiol. **259**, 142 (1954).
4. DU BOIS, A. B., A. G. BRITT and W. C. FENN: Alveolar CO_2 during the respiratory cycle. J. appl. Physiol. **4**, 535 (1952).
5. ENGHOFF, H.: Volumen inefficax. Upsala Lak.-Fören Förh. **44**, 191 (1938).
6. FRANK, N. R.: Static volume-pressure characteristice of excides lobes of dogs lungs. — zit. nach J. L. WHITTENBERGER: Fed. Proc. **16** (1957).
7. LILLINGTON, G. A., W. S. FOWLER, R. D. MILLER and H. F. HELMHOLZ jr.: Nitrogen clearance rates of right and left lungs in different positions. J. clin. Invest. **38**, 2026 (1959).
8. LIM, T. P. K., and U. C. LUFT: Alterations in lung compliance and functional residual capacity with posture. J. appl. Physiol. **14**, 164 (1959).

9. OTIS, A. B., C. B. McKERROW, R. A. BARTLETT, J. MEAD, M. B. McILROY, N. J. SELVERSTONE and E. P. RADFORD: Mechanical factors in distribution of pulmonary ventilation. J. appl. Physiol. 8, 4, 427 (1956).

10. PIIPER, J.: Study of the effects of unequal distribution of pulmonary diffusing capacity to pulmonary blood flow on the alveolar-arterial oxygen pressure difference (Broschüre PIIPER, Göttingen, Max-Planck-Institut).

11. REICHEL, G.: Beziehungen zwischen dem exspiratorisch-alveolären und arteriellen Kohlensäuredruck bei gesunden Versuchspersonen. Nancy. Le poumon et le coeur (1960, im Druck.)

12. — Untersuchungen über verschiedene Arten ventilatorischer Verteilungsstörung. (1961, im Druck).

13. RILEY, R. L., J. L. Lilienthal, D. D. Proemmel and R. E. FRANKE: On the determination of the physiologically effective pressures of oxygen and carbon dioxide in alveolar air. Amer. J. Physiol. 147, 191 (1946).

14. RILEY, R. L., and A. COURNAND: Ideal alveolar air and the analysis of ventilation-perfusion relationship in the lung. J. appl. Physiol. 12, 825 (1949).

15. RILEY, R. L., S. PERMUTT, S. SAID, M. GODFREY, T. O. CHENG, J. B. L. HOWELL and R. H. SHEPARD: Effect of posture on pulmonary dead space in man. J. appl. Physiol. 14, 339 (1959).

16. ROSSIER, P. H., u. H. MÉAN: L'insuffisance pulmonaire, ses diverses formes. Schweiz. med. Wschr. 1943, 327.

17. ROSSIER, P. H., A. BÜHLMANN u. K. WIESINGER: Physiologie und Pathophysiologie der Atmung. Berlin-Göttingen-Heidelberg: Springer-Verlag 1958, 2. Aufl.

18. SIVERTSON, S. E., and W. S. FOWLER: Expired alveolar carbon dioxide tension in health and in pulmonary emphysema. J. Lab. clin. Med. 47, 869 (1956).

19. ULMER, W. T.: Untersuchungen zur Analyse der alveolären Ventilationsstörung beim chronischen Cor pulmonale. Verh. dtsch. Ges. Kreisl.-Forsch. 21, 360 (1955).

20. — [a] Die Untersuchung der Lungenfunktion. Möglichkeiten und Probleme. Z. Kreisl.-Forsch. 49, 461 (1960). — [b] Der exspiratorisch-alveolär/arterielle Kohlensäuredruckgradient bei Patienten mit Lungenfunktionsstörungen. Nancy. Le poumon et le coeur (1960, im Druck).

21. — Beziehungen zwischen Störungen des Durchblutungs/Belüftungsverhältnisses in verschieden großen Alveolarbezirken zum exspiratorisch-alveolären/arteriellen Kohlensäuredruckgradienten, der Erfordernishyperventilation und dem arteriellen Sauerstoffdruck. (1961, im Druck).

22. VISSER, B. F., and A. H. J. MAAS: Pulmonal diffusion of oxygen. Phys. in Med. Biol. 3, 264 (1959).

Aus der Kinderklinik und dem Physiologischen Institut der Universität Tübingen

Gasaustausch bei Anämien[*]

Von

K. Riegel, P. Hilpert und W. Moll

Mit 5 Abbildungen

Der alveolar-capillare Gasaustausch wird von folgenden Faktoren bestimmt: von den alveolaren und venösen Gasdrucken, von den Diffusionswiderständen der einzelnen Medien, von der Bindungsfähigkeit des Blutes für Gase und vom Herzzeitvolumen. Änderungen dieser Faktoren finden wir physiologisch im Verlauf der Entwicklung vom Neugeborenen zum Erwachsenen und pathophysiologisch u. a. bei den Anämien. Die Anämien sind daher über ihre klinische Bedeutung hinaus von theoretischem Interesse. Wir möchten Ihnen vortragen, wie und in welchem Umfang sich die oben angeführten Faktoren bei Anämiekranken ändern können und welche Konsequenzen sich hieraus für deren alveolar-capillaren Gasaustausch ergeben.

Die Sauerstoff- und Kohlensäurebindung im anämischen Blut

Der Hämoglobinmangel, d. h. die Verringerung der O_2-Kapazität, ist das Hauptmerkmal der Anämien. Um die erforderliche O_2-Menge unter diesen Bedingungen an die Gewebe liefern zu können, stehen, wie wir annehmen, 3 voneinander abhängige Möglichkeiten zur Verfügung: 1. eine stärkere Entsättigung des Blutes in den Geweben, 2. die Verminderung der O_2-Affinität (was eine stärkere Entsättigung ohne weitere Druckminderung ermöglicht) und 3. die Steigerung des Herzzeitvolumens.

Die *O_2-Affinität* des anämischen Blutes ist meist vermindert (*1, 4, 6, 10, 11, 12, 16, 20, 21, 25*), d. h. die O_2-Bindungskurve (O_2-BK) ist dann nach rechts verlagert. Der O_2-Halbsättigungsdruck kann von normal 27 auf 35 Torr ansteigen. Allein bei Kugelzellanämien ist manchmal eine Linksverschiebung der Kurve, also eine Affinitätszunahme zu beobachten. Abb. 1 zeigt einige Anämie-O_2-BK. Der Grad der Abweichung von der Norm ist aber bei den Anämiekranken unterschiedlich und unabhängig von Art und Schwere der Anämie.

Abb. 2 zeigt die *CO_2-Bindungskurven* (des wahren Plasmas voll oxygenierten Blutes) von einem Gesunden und von einem Anämiekranken [nach Angaben von Rossier, Bühlmann und Wiesinger (*18*)]. Die Anämiekurve verläuft infolge der Verminderung der puffernden Hämoglobinmenge flacher, d. h., bei gleicher CO_2-Aufnahme kommt es bei dem Anämiker zu einer größeren CO_2-Drucksteige-

---

[*] z. T. mit Unterstützung der Deutschen Forschungsgemeinschaft.

rung. In dieser Darstellung ist der Haldane-Effekt nicht berücksichtigt. Der Abtransport der Kohlensäure aus dem Gewebe ist somit beim Anämiker erschwert.

Auch die Spanne des durchlaufenen pH-Bereichs ist größer. Das venöse Blut ist relativ stärker angesäuert, wodurch es zu einer zusätzlichen Rechtsverlagerung der O_2-BK und damit zu einer zusätzlichen Verbesserung der O_2-Abgabe kommt. Der offensichtliche Nachteil bei der CO_2-Aufnahme ist also ein Vorteil für die O_2-Abgabe.

Das Herzzeitvolumen

Durch die Rechtsverlagerung der O_2-BK gelingt es bei mittleren Anämiegraden, die normale arteriovenöse O_2-Gehaltdifferenz (AVD_{O_2}) beim gleichen Druck im venösen Mischblut aufrechtzuerhalten. Beträgt aber die O_2-Kapazität nur noch etwa 5 Vol.-%, so muß auch ein „kritischer" venöser O_2-Druck erreicht und schließlich die O_2-Aus-

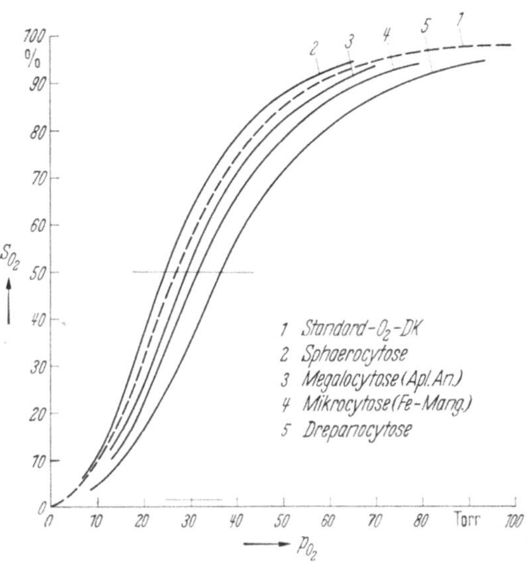

Abb. 1. O_2-Bindungskurven des Blutes von gesunden Erwachsenen [BARTELS et al. (3)], Kindern mit verschiedenen Anämien und Sichelzellanämiekranken [BECKLAKE et al. (4)] bei pH_s 7,4 und 37° C. Abszisse: O_2-Druck in Torr; Ordinate: prozentuale O_2-Sättigung

schöpfung des Blutes vermindert werden. Eine Verbesserung der Situation kann nur noch über *das Herzzeitvolumen* erfolgen. In Abb. 3 ist die Abhängigkeit des Herzzeitvolumens (HZV) vom venösen O_2-Mitteldruck in der A. pulmonalis bei unnarkotisier-

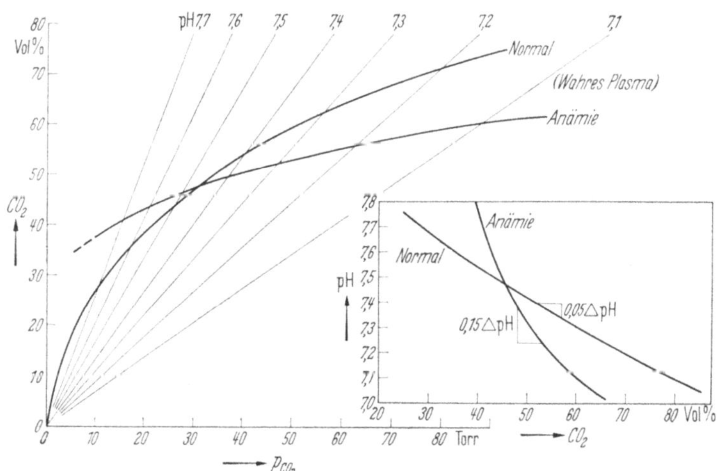

Abb. 2. CO_2-Bindungskurven des wahren Plasma voll oxygenierten Blutes eines Gesunden und eines Anämiekranken [nach Angaben von ROSSIER, BÜHLMANN und WIESINGER (18)]. Rechts unten das zugehörige pH-CO_2-Gehaltsdiagramm: für den Anämiker ergibt sich durch die flachere Bindungskurve für gleiche CO_2-Gehaltsdifferenz eine größere pH-Differenz. 1. Abszisse: CO_2-Druck in Torr; Ordinate: CO_2-Gehalt in Vol.-%. 2. Abszisse: CO_2-Gehalt in Vol.-%; Ordinate: pH

ten Ziegen dargestellt (*2*). HZV und p_H ließen bei diesen Versuchen hingegen keine Korrelation erkennen. Auch zu marteriellen O_2-Druck ergaben sich keine Beziehungen. Wir sind dabei, diese Zusammenhänge näher zu untersuchen.

Die alveolaren Sauerstoff- und Kohlensäuredrucke

Das folgende CO_2-O_2-Diagramm (*7*) (Abb. 4) gibt *die alveolaren Sauerstoff- und Kohlensäuredrucke* für einen bestimmten inspiratorischen und venösen Druck von einem Gesunden und einem Anämiker wieder. Außerdem können die entsprechenden respiratorischen Quotienten und die zugehörigen Belüftungs-Durchblutungs-Verhältnisse daraus abgelesen werden. Zu der Originalkurve von Riley und Cournand (*17*) haben wir die Kurve einer hochgradigen Anämie nach Angaben von Rossier et al. (*18*) konstruiert. Der venöse O_2-Druck ist bei dem Anämiekranken auf 12 Torr gefallen. Infolge Hyperventilation, die bei schweren Anämiegraden zu beobachten ist, sind auch arterieller und venöser CO_2-Druck abgefallen.

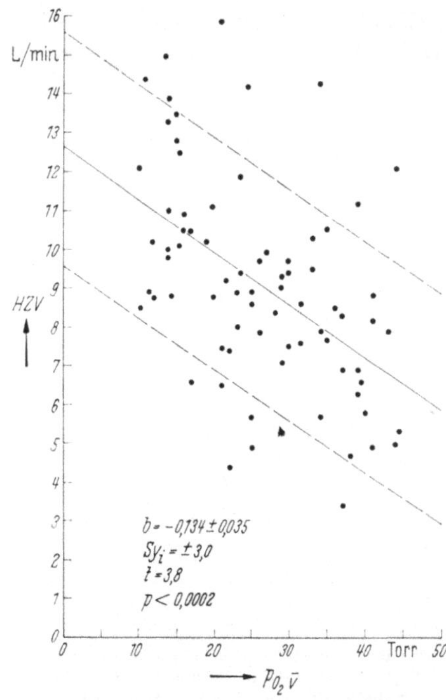

Abb. 3. Die Abhängigkeit des Herzzeitvolumens vom venösen O_2-Druck in der A. pulmonalis. Untersuchungen an unnarkotisierten Ziegen vor und nach Blutungsanämie [nach Bartels et al. (*2*)]. Abszisse: venöser O_2-Druck in Torr; Ordinate: Herzzeitvolumen in l/min

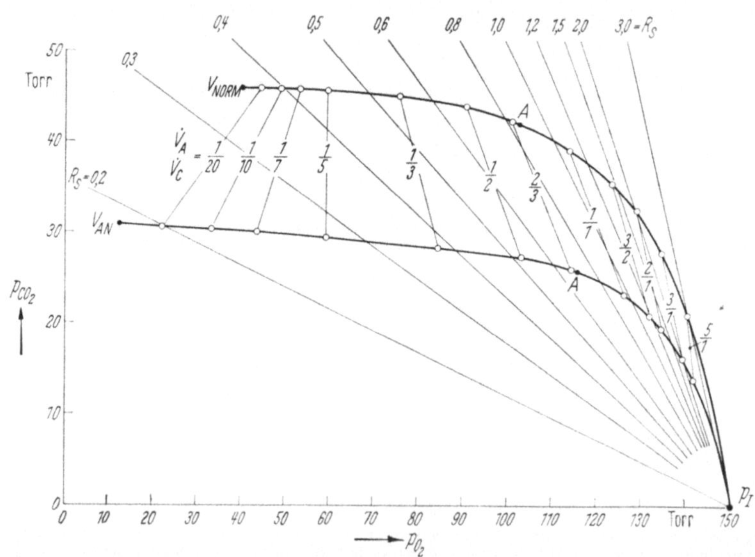

Abb. 4. O_2-CO_2-Diagramm eines Gesunden (*17*) und eines Anämiekranken. Die Anämiekurve wurde nach Angaben von Rossier et al. (*18*) konstruiert. Erklärung s. Text. Abszisse: O_2-Druck in Torr; Ordinate: CO_2-Druck in Torr

Hierdurch sind gegenüber dem Gesunden alle Relationen modifiziert. Man sieht, daß dieser Anämiekranke bei gleichen Belüftungs-Durchblutungs-Verhältnissen im Vergleich zum Gesunden stets tiefere CO_2-Drucke hat. Infolge der verminderten AVD_{O_2} hat der Anämiker bei hohen Belüftungs-Durchblutungs- Quotienten höhere alveolare O_2-Drucke, bei niedrigen Quotienten dagegen tiefere O_2-Drucke. Bei einer hochgradigen Verteilungsstörung wird demnach der Anämiker eine größere alveolar-arterielle O_2-Druckdifferenz (AaD_{O_2}) haben.

Der Shunt

Ein Sonderfall einer Verteilungsstörung ist der *Shunt*. Wenn dem in den Lungencapillaren aufgesättigten Blut ein Shuntblutanteil beigemischt wird, so entsteht zwischen der O_2-Konzentration des endcapillaren Blutes und der des arteriellen Blutes folgende Differenz:

$$C_{c'} - C_a = Q_{sh}(C_{c'} - C_{\bar{v}})$$

Eine bestimmte O_2-Konzentrationsdifferenz entspricht in demselben Kurvenabschnitt beim Anämiker einer größeren Sättigungsdifferenz und damit einer größeren Druckdifferenz. Bei mittleren Anämiegraden wird die AVD_{O_2}, die praktisch dem Ausdruck $C_{c'} - C_{\bar{v}}$ entspricht, aufrechterhalten, dagegen muß sie bei schweren Anämien kleiner werden. In dem von ROSSIER et al. (*18*) angeführten Fall beträgt die AVD_{O_2} z. B. 3,3 Vol.-% gegenüber normal 4,6 Vol.-% in Ruhe. Trotzdem steigt aber die AaD_{O_2} bei einem angenommenen Shuntblutanteil von 2% bei diesem Anämiekranken auf etwa 7 Torr gegenüber 4 Torr bei unserem Normalfall. Wenn man von der Tatsache ausgeht, daß bettlägerige Kranke im Durchschnitt einen höheren Shuntblutanteil aufweisen (*5*), so ergäbe sich bei 5% Kurzschluß für unseren Anämiekranken eine AaD_{O_2} von etwa 30 Torr, für den Blutgesunden jedoch nur von etwa 9 Torr. Durch eine Rechtsverschiebung der O_2-BK wird dieser Effekt geringer.

Die Diffusionswiderstände

Der zeitliche Ablauf des Gasaustausches zwischen Alveole und Roter Zelle hängt von den *Diffusionswiderständen* ab, die die Gase überwinden müssen. Der nach klassischer Ansicht einzig auf die Lungenmembran beschränkte O_2-Diffusionswiderstand muß nach neueren Untersuchungen auch noch um die im Blut selbst liegenden Widerstände erweiter werden. Der Gesamtdiffusionswiderstand für O_2 ist die Summe der Widerstände in Lungenmembran, Plasma und Erythrocyten:

$$R_L = R_M + R_{Pl} + R_E \,.$$

Hinzu kommt noch gegebenenfalls die Trägheit der Reaktion als zusätzlicher Widerstand. Jeder dieser einzelnen Widerstände ergibt sich aus den Parametern Schicht-Dicke (d), Leitfähigkeit (K) und Durchtrittsfläche (F):

$$R_L = \frac{d_M}{F_M K_M} + \frac{d_{Pl}}{F_{Pl} K_{Pl}} + \frac{d_E}{2 F_E K_E} \,.$$

Der Anteil des Diffusionswiderstandes der Erythrocyten am Gesamtwiderstand wird von GIBSON et al. (*9*) mit 20%, von MOCHIZUKI et al. (*13, 14*) mit 80% und von THEWS (*22, 24*) mit 25% angenommen.

Die Durchtrittsfläche der Erythrocyten läßt sich wie folgt abschätzen:

$$F_E = \frac{\dot{V}_c\, Hk}{d}.$$

Sie ist die *Austauschfläche* aller Erythrocyten in den Lungencapillaren. Aus dieser Formel kann abgeleitet werden, daß durch eine Verkleinerung des Hämatokriten (Hk) die Austauschfläche der Erythrocyten verkleinert und damit der intraerythrocytäre Widerstand für O_2 vergrößert ist, sofern das Lungencapillarblutvolumen $\dot{V}_c$ und die mittlere Erythrocytenschichtdicke gleichgeblieben sind. Es ist möglich, daß sich bei Anämien auch der Widerstand der Capillarmembran erhöht: jene Capillarabschnitte, die keine Erythrocyten enthalten und somit am Gasaustausch praktisch nicht teilnehmen, sind relativ vermehrt.

Bei Anämien treten, abgesehen von der akuten Blutung, stets auch Änderungen der Erythrocytenmorphologie auf. Unter anderem kann — und das ist für unsere Fragestellung wesentlich — die Erythrocytendicke gegenüber der Norm verdoppelt und halbiert sein. Diese Dickenänderungen beeinflussen den Widerstand in zweifacher Hinsicht, da sie den Diffusionsweg des O_2 im Erythrocyten und die Durchtrittsfläche modifizieren (s. oben). Die *Leitfähigkeit* des Erythrocyten ist eine empfindliche Funktion der Hämoglobinkonzentration (HbK_E). Diese ist mit 33% eine bemerkenswert konstante Größe. Erst bei schweren Anämien kann man Verminderungen unter 30% und Erhöhungen auf 40% feststellen. Wir haben abgeschätzt, daß die Leitfähigkeiten pathologischer Erythrocytentypen gegenüber der Norm halbiert oder annähernd verdoppelt sein können.

Die O_2-Aufsättigung anämischen Blutes

Thews und Niesel (*24*) haben den zeitlichen Aufsättigungsablauf der Erythrocyten, die sich in einer Umgebung mit konstantem O_2-Druck befinden, mathematisch als Funktion der Zelldicke, des Zellvolumens, von HbK_E, der O_2-Leitfähigkeit und der Neigung der effektiven O_2-BK formuliert. Nach diesen Angaben haben wir die Aufsättigung einiger Erythrocytentypen unter Hypoxiebedingungen bei dreidimensionaler Diffusion berechnet. Wir gingen bei den einzelnen Zellen von extremen, aber wohl möglichen Veränderungen aus. Wie man in Abb. 5 sieht, ist nach 0,3 sec die Aufsättigung des Mikrocyten vollständig, die des Normocyten fast abgeschlossen, während die des Sphärocyten und Megalocyten noch unvollständig ist. Auch wenn man Capillarwand- und Plasmawiderstand berücksichtigt, ergeben sich deutliche Unterschiede im Aufsättigungsverlauf der verschiedenen Erythrocytentypen.

Die alveolar-arterielle O_2-Druckdifferenz

Wir haben somit 3 Komponenten, die *die alveolar-arterielle O_2-Druckdifferenz* verursachen können, diskutiert: 1. die Verteilungsstörungen, 2. die Zumischung von Kurzschlußblut und 3. die unvollständige Aufsättigung des Blutes in den Lungencapillaren. Alle 3 Komponenten können theoretisch bei den megalo- und sphärocytären Anämien zur Geltung kommen. Untersuchungsergebnisse über die AaD_{O_2} bei Anämiekranken liegen von Ryan und Hickham (*19*) sowie von Sproule et al. (*20*) vor. Beide Arbeitsgruppen berichten von einer Erhöhung der AaD_{O_2} bei Anämien. In welchem Ausmaß nun die einzelnen Faktoren hierbei beteiligt sind, ist nicht entschieden. Sicher spielt der Shunt-Einfluß eine bedeutende Rolle. Ob auch die Erhöhung des Diffusionswiderstandes beteiligt ist, muß noch durch einen Vergleich der AaD_{O_2} bei megalo- und sphaerocytären Anämien einerseits und den mikrocytären andererseits geklärt werden. Leider wurden bei den bisherigen Untersuchungen die Anämien morphologisch nicht spezifiziert.

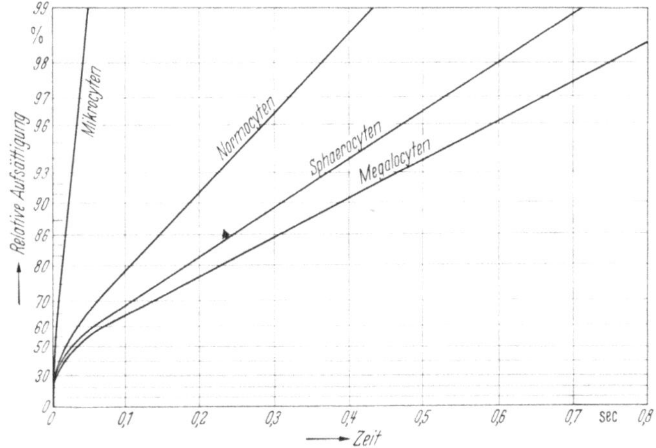

Abb. 5. Zeitlicher Verlauf der relativen Aufsättigung normaler und pathologischer Erythrocyten bei konstantem niedrigem O_2-Außendruck. Die einzelnen Wertepaare wurden nach THEWS und NIESEL *(24)* aus folgenden Werten berechnet:

	Erythrocyten-dicke	Erythrocyten-volumen	Hb-Konzen-tration	O_2-Diffusions-koeffizient[1]	Neigung der Ersatz-geraden der O_2-BK
	μ	μ^3	%	cm²/sec 10^{-5}	S_{O_2}/p_{O_2}
Mikrocyt	1,0	45	20	1,52	2,25
Sphärocyt	3,0	90	33	0,03	2,25
Megalocyt	2,0	150	38	0,54	2,25
Normocyt	2,0	87	33	0,93	2,25

[1] abgeschätzt nach Angaben über die O_2-Diffusionskoeffizienten in normalen Erythrocyten und in Eiweißlösungen verschiedener Konzentration bei 37° C nach THEWS *(23)*.

Die Diffusionskapazität bei Anämie

In der folgenden Tabelle haben wir die prozentualen Änderungen des Diffusionswiderstandes bei Anämien mit gegenüber der Norm halbiertem Hk für die Zellen abgeschätzt, von denen wir bei der Berechnung der Aufsättigung ausgegangen sind (Spalte 1).

	1	2	3
	R_E in % der Norm	DF_{O_2}' in % der Norm	DF_{O_2}'' in % der Norm
Normocyten	100	100	100
akute Blutung	200	80	50
Megalocyten	340	60	40
Sphärocyten*	450	50	30
Mikrocyten	25	125	125

* berechnet unter Annahme eindimensionaler Diffusion; die „wahren" DF_{O_2}-Werte dürften höher liegen.

Es wurde angenommen, daß $\dot{V}_c$ der Lunge auch bei der Anämie unverändert sei. In Spalte 2 ist der Diffusionsfaktor der gesamten Lunge abgeschätzt für den Fall, daß R_E ein Viertel des Gesamtwiderstandes ausmacht und der Membranwiderstand beim Anämiker gleich dem des Gesunden ist. Geht man bei der Berechnung des Diffusionsfaktors jedoch von der Annahme aus, daß Membran- und Plasmawiderstand proportional der abnehmenden Erythrocytenoberfläche zunehmen, so kommt man zu den Werten der 3. Spalte. Wir sehen, daß bei akuten Blutungen nach Normalisierung des Flüssigkeitsvolumens die so ermittelte Diffusionskapazität um 20—50% erniedrigt ist. Bei der Megalocytose ist die Diffusionskapazität für O_2 um 40—60%, bei der Sphärocytose um 50—70% erniedrigt. Für die Mikrocyten hingegen finden wir eine Zunahme um 25%.

Rankin, McNeill und Forster (8, 15) haben die Diffusionskapazität mit der Atemanhalte-CO-Methode gemessen und fanden bei 4 von 5 Anämiekranken eine Erniedrigung; alle 4 hatten einen erhöhten intracapillären Widerstand für CO. 2 davon hatten, obwohl sie klinisch lungengesund waren, auch einen erhöhten Membranwiderstand. Allerdings ist es fraglich, inwieweit man aus der Diffusion des CO Rückschlüsse auf die Diffusion des O_2 ziehen darf. Mochizuki u. Mitarb. (13) bestimmten den O_2-Diffusionsfaktor an Hunden vor und nach Blutverlust. Sie fanden, daß der Diffusionsfaktor der Zahl der Erythrocyten proportional war. Ihre Ergebnisse sprechen dafür, daß bei Anämie Erythrocyten- und Capillarwandwiderstand erhöht sind. Eigene Versuche an unnarkotisierten Ziegen [Bartels et al. (2)] ergaben, daß die O_2-Diffusionskapazität der anämischen Tiere weniger und erst nach Reduktion auf das HZV verringert ist. Danach wäre bei Anämie im wesentlichen nur der Widerstand im Erythrocyten erhöht.

Literatur

1. Bansi, H. W., u. G. Groscurth: Veränderungen der Sauerstoffbindungskurven des Blutes bei Stoffwechsel- und Blutkrankheiten (Anämie und Polycythämie). Z. klin. Med. 113, 560 (1930).
2. Bartels, H., P. Hilpert, W. Moll u. K. Riegel: O_2-Diffusionskapazität, Kurzschlußdurchblutung und Herzzeitvolumen bei wachen Ziegen vor und nach Blutungsanämie. In Vorbereitung.
3. —, K. Betke, P. Hilpert, G. Niemeyer u. K. Riegel: Die sogenannte Standard-O_2-Dissoziationskurve des gesunden erwachsenen Menschen. Pflügers Arch. ges. Physiol. 272, 372 (1961).
4. Becklake, M. R., S. B. Griffith, M. McGregor, H. I. Goldman and J. P. Schreve: Oxygen dissociation curves in sickle cell anemia and in subjects with the sickle cell trait. J. clin. Invest. 34, 751 (1955).
5. Berggren, S. M.: The oxygen deficit of arterial blood. Polarographic oxygen determination in blood. Acta physiol. scand. 4, Suppl. 11—13 (1942).
6. Dill, D. B., A. V. Bock, C. van Caulaert, A. Foelling, L. M. Hurxthal and L. J. Henderson: Blood as a physicochemical system. VII. The composition and respiratory exchanges of human blood during recovery from pernicious anemia. J. biol. Chem. 78, 191 (1928).
7. Fenn, W. O., H. Rahn and A. B. Otis: A theoretical study of the composition of the alveolar air at altitude. Amer. J. Physiol. 146, 637 (1946).
8. Forster, R. E.: Exchange of gases between alveolar air and pulmonary blood: Pulmonary diffusing capacity. Physiol. Rev. 37, 391 (1957).
9. Gibson, Q. H., F. Kreutzer, E. Meda and F. J. W. Roughton: Kinetics of human hemoglobin in solution and in red cells at 37° C. J. Physiol. (Lond.) 129, 65 (1955).

10. Horejsi, J., and A. Komarkova: The influence of some factors of the red blood cells on the oxygen-binding capacity of haemoglobin. Clin. chim. Acta 5, 392 (1960).
11. Isac, C., K. Matthes u. T. Yamanaka: Untersuchungen über den Transport des Sauerstoffs im menschlichen Blut; der Sauerstofftransport im Blute bei verschiedenen Krankheiten. Naunyn-Schmidebergs Arch. exp. Path. Pharmak. 189, 615 (1938).
12. Kennedy, A. C., and D. J. Valtis: The oxygen dissociation curve in anemia of various types. J. clin. Invest. 33, 1372 (1954).
13. Mochizuki, M., T. Anso, H. Goto, A. Hamamoto and Y. Makiguchi: The dependency of the diffusing capacity on the HbO_2 saturation of the capillary blood and on anemia. Jap. J. Physiol. 8, 225 (1958).
14. —, and J. I. Fukuoka: The diffusion of oxygen inside the red cell. Jap. J. Physiol. 8, 206 (1958).
15. Rankin, J., R. S. McNeill and R. E. Forster: Diffusion characteristics of pulmonary membrane and capillary bed in various diseases of lungs and cardiovascular system. J. clin. Invest. 36, 922 (1957).
16. Richards, D. W. jr., and M. L. Strauss: Oxy-hemoglobin dissociation curves of whole blood in anemia. J. clin. Invest. 4, 105 (1927).
17. Riley, R. L., and A. Cournand: „Ideal" alveolar air and the analysis of ventilation-perfusion relationships in the lungs. J. appl. Physiol. 1, 825 (1949).
18. Rossier, P. H., A. Bühlmann u. K. Wiesinger: Physiologie und Pathophysiologie der Atmung. Berlin-Göttingen-Heidelberg: Springer-Verlag 1958.
19. Ryan, J. M., and J. B. Hickham: The alveolar arterial oxygen pressure gradient in anemia. J. clin. Invest. 31, 188 (1952).
20. Sproule, B. J., J. H. Mitchell and W. F. Miller: Cardiopulmonary physiological responses to heavy exercise in patients with anemia. J. clin. Invest. 39, 378 (1960).
21. Stadie, W. C., and K. A. Martin: The elimination of carbon monoxide from the blood. J. clin. Invest. 2, 77 (1925).
22. Thews, G.: Ein Nomogramm zur einfachen Bestimmung des O_2-Diffusionsfaktors (O_2-Diffusionskapazität) der Lunge. Pflügers Arch. ges. Physiol. 268, 281 (1959).
23. — Ein Verfahren zur Bestimmung des O_2-Diffusionskoeffizienten, der O_2-Leitfähigkeit und des O_2-Löslichkeitskoeffizienten im Gehirngewebe. Pflügers Arch. ges. Physiol. 271, 227 (1960).
24. —, u. W. Niesel: Zur Theorie der Sauerstoffdiffusion im Erythrocyten. Pflügers Arch. ges. Physiol. 268, 318 (1959).
25. Valtis, D. J., and A. G. Baikie: The influence of red-cell thickness on the oxygen dissociation curve of blood. Brit. J. Haemat. 1, 146 (1955).

Aus der Medizinischen Universitätsklinik Zürich
(Direktor: Prof. Dr. P. H. Rossier)

Gasaustausch bei schwerster körperlicher Arbeit

Von

Albert Bühlmann

Mit 3 Abbildungen

Die Normalwerte für die Sauerstoffaufnahme, die Ventilation und die arteriellen Blutgase in Ruhe und bei mittelschwerer bis schwerer körperlicher Arbeit, wie wir sie bei Arbeitsversuchen in der Klinik bei Patienten durchführen, sind heute gut bekannt. Als schwere körperliche Arbeit bezeichnen wir eine Belastung auf dem Fahrradergometer mit 150 Watt in sitzender Stellung, was einer Sauerstoffaufnahme von 1700—1900 ml/min entspricht. Obwohl die individuellen Variationen zwischen Arbeit in Watt und Sauerstoffaufnahme bei Belastungen auf dem Fahrradergometer in normalen und pathologischen Fällen sehr klein sind, ist es doch besser alle Werte auf die Sauerstoffaufnahme zu beziehen und diese als Maß der Arbeitsintensität bzw. des gesteigerten Stoffwechsels zu betrachten. Davon ausgehend betrachten wir Arbeitsleistungen, die eine Sauerstoffaufnahme von mehr als 2500 ml/min erfordern als schwerste körperliche Arbeit, die nur von kräftigen und sportlich trainierten Männern während mehreren Minuten geleistet wird.

Methodik

Unsere Untersuchungen wurden an 15 sportlich trainierten Männern im Alter zwischen 20—37 Jahren durchgeführt. Die Arbeit erfolgte auf dem Fahrradergometer von Fleisch in sitzender Stellung mit einer Belastung von mindestens 250

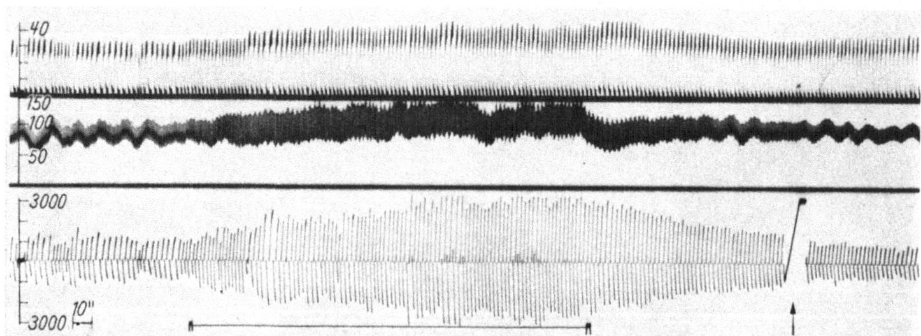

Abb. 1. Simultane Registrierung von Kohlensäurespannung in der Exspirationsluft (oben), arteriellem Blutdruck (Mitte) und Ventilation (unten). Zeitmarke 10 sec, während der Markierung Arbeit 250 Watt, während der Erholung Eichmarke des Integrators für die Atemstromstärke (Exspiration nach oben)

und maximal 300 Watt bei einer Tretfrequenz von 60 pro Minute. Gemessen und registriert wurden kontinuierlich die Ventilation mittels elektronischer Integration der Atemstromstärke am Mund (Pneumotachograph von FLEISCH, Integrator der Fa. Godart), im Teilstromverfahren die Kohlensäurekonzentration der Exspirationsluft mittels Infrarotabsorption sowie der arterielle Blutdruck (s. Abb. 1).

Mit dieser offenen Versuchsanordnung ergibt sich eine fast widerstandslose Atmung sowie die Sicherheit, daß atmosphärische Luft geatmet wird. Die Arbeit wurde jeweils 5 min durchgeführt, während der letzten Minute wurde ein Teil der Exspirationsluft gesammelt und hinsichtlich Sauerstoff- und Kohlensäuregehalt untersucht. Ebenfalls während der 5. Arbeitsminute wurde aus der in der Art. brachialis liegenden Kanüle in üblicher Weise Blut entnommen und auf Sauerstoff, Kohlensäure und p_H untersucht.

Ergebnisse

1. Relation Sauerstoffaufnahme zu Ventilation

Abb. 2 zeigt unsere Meßwerte im Vergleich zu den Mittelwerten von GALETTI u. Mitarb. sowie JOSS, die ähnliche Untersuchungen mit dem Metabograph von FLEISCH durchgeführt hatten. Man sieht, daß die Ventilationslinie ganz leicht nach oben abknickt, was insbesondere für den uns hier besonders interessierenden Bereich der Sauerstoffaufnahmen von mehr als 2500 ml/min gilt. Es wird mit anderen Worten unter diesen experimentellen Bedingungen leicht hyperventiliert. Die spezifische Ventilation, in Ruhe im Mittel 28 ml Luft pro 1 ml Sauerstoff, nimmt bei leichter und mittelschwerer Arbeit etwas ab, um dann wieder größer zu werden.

Die Ventilationssteigerung erfolgt zur Hauptsache durch Vergrößerung des Atemvolumens und weniger der Atemfrequenz. Auch bei Ventilationsvolumen von über 100 l/min betrug die Atemfrequenz nicht mehr als 35/min. Dies hängt mit einer für die Atemmuskulatur möglichst günstigen Verteilung von elastischen Atemwiderständen und Strömungswiderständen in den Luftwegen zusammen, worauf hier nicht näher eingegangen werden soll.

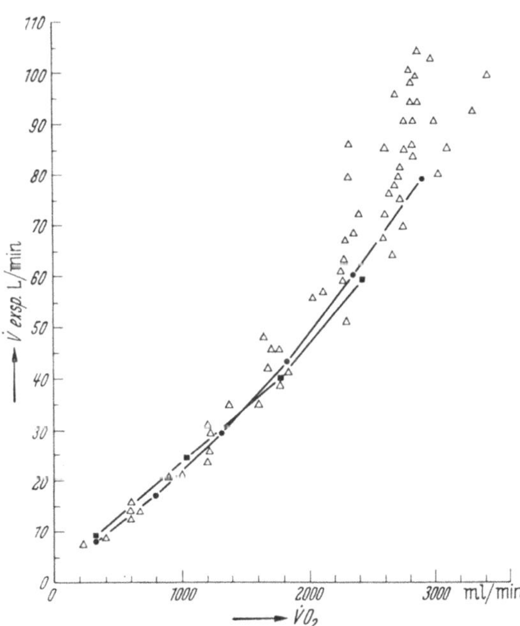

Abb. 2. Relation Ventilation zu Sauerstoffaufnahme, Mittelwerte anderer Autoren auf Grund von Bestimmungen mit dem Metabograph von FLEISCH sowie Einzelwerte eigener Untersuchungen mit offener Versuchsanordnung ($\dot{V}_{O_2}$ STPD, $\dot{V}$ exsp. BTPS)

Der funktionelle Totraum, berechnet über die alveoläre Ventilation mittels der arteriellen Kohlensäurespannung wird absolut größer und erreicht bei einer Ventilation von 95 l/min größenordnungsmäßig 500—600 ml, dabei nimmt aber der prozentuale Anteil am Atemvolumen massiv ab. Der Quotient Totraum zu Atemvolumen beträgt in Ruhe im Mittel 0,35, er sinkt bei schwerer und schwerster Arbeit auf 0,20 und gelegentlich noch etwas tiefer ab.

2. Konstanz der alveolären Gasspannungen

In Ruhe sind die respiratorischen Schwankungen der alveolären Gasspannungen sehr gering, nach Exspiration der Totraumluft bleibt die alveoläre Kohlensäurespannung auch bei verlängerter Exspiration annähernd konstant. Diese Konstanz geht bei massiv gesteigertem Gaswechsel und erheblich vergrößertem Atemvolumen verloren. Der Anfall von Kohlensäure ist pro Zeiteinheit so groß, und das Alveolarvolumen nimmt während der Exspiration so stark ab, daß die alveoläre Kohlensäurespannung während der Exspiration dauernd ansteigt.

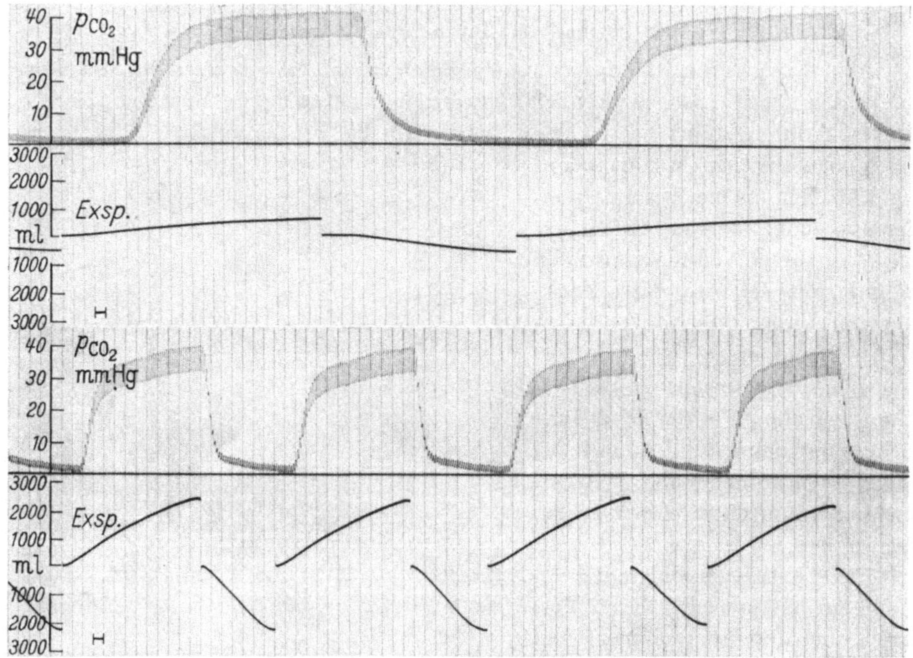

Abb. 3. Verlauf der Kohlensäurespannung in der Exspirationsluft in Ruhe (oben) und bei schwerer Arbeit (unten). Messung der Kohlensäure mittels Infrarotabsorption und der Atmung mittels Pneumotachographie und Integration der Atemstromstärke (Zeitmarke 0,1 sec)

Während der Inspiration ist ein entsprechendes Absinken anzunehmen. Für den Sauerstoff sind die Verhältnisse in umgekehrter Richtung gleich. Wenn sich in einem Atemzyklus derartige Spannungsschwankungen ergeben, die sich übrigens bei geeigneter Technik auch im arteriellen Blut nachweisen lassen, so können bei Alveolarluftbestimmungen aus einem Atemzug erhebliche Fehler entstehen, indem die endexspiratorische Portion eine erheblich höhere Spannung hat als der erste während der Exspiration erfaßbare Teil der Alveolarluft. Bei der Diskussion über reelle und vorgetäuschte Spannungsgradienten für die Kohlensäure zwischen Alveolarluft und arteriellem Blut bei schwerer körperlicher Arbeit müssen diese Verhältnisse berücksichtigt werden.

3. Arterielle Blutgase

Die Blutentnahmen erfolgten für diese Untersuchungen wie immer über mehrere Atemzüge, die Zahlen stellen somit einen Mittelwert zwischen In- und Exspiration dar.

Die Tabelle 1 bringt zum Vergleich unsere Mittelwerte mit der Standardabweichung bei normalen Versuchspersonen in Ruhe und bei schwerer körperlicher Arbeit. Die arterielle Sauerstoffsättigung bleibt auch bei schwerster Arbeit praktisch konstant. Deutlich hingegen ist die Abnahme des Kohlensäuregehaltes im

Tabelle 1. *Arterielle Blutgase*

	O_2-Sättig. %	CO_2-Vol.-% (Plasma)	mäq/l	p_H	$p\,CO_2$ mm Hg
Ruhe *n* 235					
$\bar{x}$	96,0	53,5	24,0	7,40	38,0
SD	1,5	3,8	1,7	0,02	2,0
Schwere körperliche Arbeit ($\dot{V}\,O_2$ 1600—2200 ml/min) *n* 65 5 min					
$\bar{x}$	95,5	42,4	19,0	7,33	35,0
SD	1,5	5,5	2,4	0,04	3,0
Schwerste Arbeit ($\dot{V}\,O_2$ 2800—3400 ml/min) *n* 15 5 min					
$\bar{x}$	95,5	30,7	13,7	7,24	31,0
SD	1,5	8,6	3,8	0,05	5,0

Plasma sowie das Absinken des p_H mit Zunahme der Streuung. Es entwickelt sich also eine deutliche metabolische Acidose, wobei zu wiederholen ist, daß es sich hier um trainierte Sportler handelt. Die Kohlensäurespannung sinkt ebenfalls deutlich ab, wie es nach der Ventilationskurve (Abb. 2) zu erwarten ist, obwohl die endexspiratorische alveoläre Kohlensäurespannung meist höher ist als in Ruhe (Abb. 3). Ich möchte hier aber darauf hinweisen, daß die Verhältnisse bei sportlichen Höchstleistungen bei gleich großem oder höheren Sauerstoffverbrauch z. T. anders sind, indem dort z. B. beim Wettschwimmen relativ hypoventiliert wird, so daß es zu einem Anstieg der arteriellen Kohlensäurespannung kommt. Diese spezielle Anpassung der Atmung, die hinsichtlich Atemarbeit die Atemmuskulatur entlastet und ihren eigenen Sauerstoffverbrauch reduziert, ergibt sich offenbar mit dem Training für eine bestimmte Disziplin.

4. Arterieller Blutdruck und Pulsfrequenz

Mit unserer Untersuchungstechnik wurden auch der arterielle Blutdruck und damit die Pulsfrequenz erfaßt, so daß sich noch einige Hinweise zum Kreislauf ergeben.

Tab. 2 zeigt die Mittelwerte mit der Standardabweichung in Ruhe und bei schwerster Arbeit der 15 Exploranden. Das Herzzeitvolumen dürfte größenordnungsmäßig zwischen 20—25 l/min betragen. Die Vergrößerung wird zu einem wesentlichen Teil durch Erhöhung der Schlagfrequenz, weniger durch Erhöhung des Schlagvolumens erreicht. Der systolische Blutdruck steigt erheblich an,

Tabelle 2. *Blutdruck und Pulsfrequenz in Ruhe und bei schwerster körperlicher Arbeit*

	Blutdruck mm Hg			Puls-frequenz
	systol.	diastol.	Mitteldruck	
Ruhe *n* 15				
$\bar{x}$	130	80	103	77
SD	20	15	13	6
Schwerste Arbeit				
($\dot{V}$ O$_2$ 2800—3400 ml/min) *n* 15 5 min				
$\bar{x}$	180	110	120	165
SD	30	15	16	8

viel weniger der diastolische Druck. Die Zunahme des Mitteldruckes ist eher gering. Der Gefäßwiderstand sinkt somit auch im Körperkreislauf wie im Lungenkreislauf auf einen Bruchteil des Ruhewertes ab. Mit der allgemeinen Muskelentspannung bei Arbeitsende ergibt sich ebenfalls meist ein leichter sofortiger Blutdruckabfall (Abb. 1).

Zusammenfassung

1. Bei 15 sportlich tranierten Versuchspersonen wurden mit offener Versuchsanordnung Ventilation und Gaswechsel, die Kohlensäurespannung in der Exspirationsluft, der arterielle Blutdruck und die arteriellen Blutgase bei schwerster körperlicher Arbeit gemessen und z. T. fortlaufend registriert.

2. Bei Arbeit mit einer Sauerstoffaufnahme von über 2500 ml/min kommt es unter experimentellen Bedingungen zu einer leichten Hyperventilation mit Senkung der arteriellen Kohlensäurespannung sowie zu einer deutlichen metabolischen Acidose. Die arterielle Sauerstoffsättigung bleibt annähernd konstant.

3. Die Konstanz der alveolären Gasspannungen geht bei stark gesteigertem Gaswechsel und vergrößertem Atemvolumen verloren. Die Alveolarluft stellt unter diesen Bedingungen kein Kontinuum mehr dar, was bei direkten Alveolarluftbestimmungen während Arbeit berücksichtigt werden muß.

4. Die Vergrößerung des Herzzeitvolumens erfolgt zum wesentlichen Teil über eine massive Erhöhung der Schlagfrequenz. Der arterielle Mitteldruck steigt relativ wenig über den Ruhewert an.

Literatur

BÜHLMANN, A., u. P. H. ROSSIER: Z. Biol. 111, 235 (1959).
FLEISCH, A.: Nouvelles méthodes d'études des èchanges gazeux et de la fonction pulmonaire. Basel: Benno Schwabe & Co 1954.
GALETTI, P. M., P. HAAB, P. MAY et A. FLEISCH: J. Physiol. (Paris) 48, 548 (1956).
JOSS, E.: Helv. med. Acta 26, 24 (1959).
ROSSIER, P. H., u. A. BÜHLMANN: Schweiz. med. Wschr. 89, 543 (1959).
— — u. K. WIESINGER: Physiologie und Pathophysiologie der Atmung. 2. Aufl. Berlin-Göttingen-Heidelberg: Springer-Verlag 1958.

Aus der Chirurgischen Universitätsklinik München
(Direktor: Prof. Dr. R. Zenker)

Diffusionskapazität und Kurzschlußdurchblutung vor und nach Thoraxoperationen

Von

Georg C. Loeschcke und R. Beer

Mit 4 Abbildungen

Im folgenden soll über Kurzschlußdurchblutung (Q_{sh}) und Diffusionskapazität (D_{O_2}) bei verschiedenen Krankheitsgruppen vor und nach Thoraxoperationen sowie bei Tierversuchen vor und nach Anwendung einer Herz-Lungen-Maschine berichtet werden. Wir verwenden die von Bartels u. Mitarb. (3, 4, 34) ausgearbeitete Methodik, auf die hier nicht eingegangen werden soll, da sie früher von Rode-wald (35) an dieser Stelle ausführlich diskutiert worden ist. Es sei nur bemerkt, daß wir zur Ermittlung der Diffusionskapazität statt des Bohrschen Verfahrens das von Thews angegebene Nomogramm (43) benutzt haben und daß wir die Kurzschlußdurchblutung bei Einatmung von 40 % O_2 ermittelt haben.

In den angegebenen Größen der venösen Beimischung und insbesondere des Diffusionsfaktors ist neben anderen Verteilungsungleichheiten der Einfluß von Störungen des Belüftungs-Durchblutungs-Verhältnisses mit enthalten. Die Größe des durch diese Störung bedingten Fehlers in der Berechnung der genannten Größen dürfte aber verhältnismäßig gering sein, da grobe Verteilungsungleichheiten in unserem Krankengut vermutlich eine nur geringe Rolle spielen, indem keine Patienten mit ausgeprägtem Emphysem darin enthalten sind. Da der Einfluß von Störungen des Belüftungs-Durchblutungs-Verhältnisses auf die D_{O_2} bei Hypoxie $(F_{I_{O_2}} = 0{,}12—0{,}14)$ geringer ist, als bei Luftatmung, geben die unter Hypoxie-Bedingungen gemessenen D_{O_2}-Werte eine verläßlichere Auskunft über die Diffusionsverhältnisse in der Lunge, als die bei Luftatmung erhaltenen Daten.

Die Tab. 1 zeigt Ihnen bei 13 Patienten mit Mitralstenose unsere Meßwerte für den arteriellen Sauerstoffdruck, die AaD_{O_2}, die Kurzschlußdurchblutung und die Diffusionskapazität vor und nach der Kommissurotomie. Man sieht, daß vor der Operation die AaD_{O_2} mit 32,7 mm Hg den Normalwert von etwa 5—8 mm Hg ganz erheblich überschreitet. Die Ursache hierfür liegt vorwiegend in einer Verminderung der Diffusionsfähigkeit, während das Shuntvolumen im Mittel an der oberen Grenze der Norm liegt und nur bei 2 von 13 Fällen deutlich erhöht ist. 7—15 Monate postoperativ findet sich eine statistisch gesicherte Abnahme der AaD_{O_2}[1]. Weiterhin zeigt sich ein geringer, aber signifikanter Anstieg des

---

[1] t-Test der Differenzen.

Diffusionsvermögens und eine allerdings nicht gesicherte Abnahme der venösen Beimischung. Bei Hypoxie liegen die D_{O_2}-Werte im Mittel höher als bei Luftatmung, ein Befund, der beim Vergleich der präoperativen Daten statistisch sehr gut gesichert ist. Postoperativ steigt auch hier der Mittelwert geringfügig an.

Tabelle 1. *Lungenfunktionswerte bei 13 Pat. mit Mitralstenose vor und nach Kommissurotomie*

Name	P_{O_2} Luft		AaD$_{O_2}$ Luft		$\dfrac{Q_{va}}{\dot{Q}_{pulm}} \times 100$		D_{O_2}/m^2 Luft		D_{O_2}/m^2 Hypoxie	
	prae	post II	prae	post II	prae	post II	prae	post II	prae	post II
I. L.	65,0	83,5	45,4	24,4	12,8	3,8	2,2	3,4	5,1	4,1
A. K.	105,0	99,0	22,7	3,8	3,6	2,0	6,3	9,7	9,5	7,6
H. W.	91,0	91,0	18,6	11,8	4,4	3,3	5,6	6,7	8,9	13,7
A. P.	82,0	91,0	23,2	14,6	4,0	3,2	4,6	5,3	6,0	7,9
M. K.	74,0	92,0	47,4	11,3	5,3	2,7	2,9	5,7	—	—
W. K.	78,5	88,0	21,9	10,4	2,5	0,6	3,7	4,1	6,3	10,2
L. H.	83,0	70,0	19,2	24,0	4,4	8,0	6,3	5,1	5,7	11,9
R. K.	63,0	75,0	40,0	23,3	4,3	1,9	3,9	4,7	6,5	7,2
K. F.	83,0	85,0	19,4	19,6	1,4	4,0	3,8	4,5	11,2	13,0
A. M.	90,0	81,0	16,1	22,7	1,6	2,6	4,5	4,6	5,8	4,8
L. K.	57,0	74,2	47,4	32,8	5,4	2,7	3,7	5,1	4,1	6,6
E. W.	63,0	56,0	43,9	47,2	7,0	7,8	2,6	3,0	7,1	5,8
P. B.	53,0	61,0	59,9	46,9	9,8	7,4	1,9	2,6	—	—
$\bar{x}$	75,96	80,50	32,70	22,52**	5,12	3,85	4,00	4,91*	6,93***[1]	7,93
$S\bar{x}$	$\pm 4,20$	$\pm 3,50$	$\pm 4,12$	$\pm 3,69$	$\pm 0,89$	$\pm 0,66$	$\pm 0,40$	$\pm 0,50$	$\pm 0,63$	$\pm 1,00$

Pa_{O_2} Luft $\quad\quad = $ art. O_2-Druck bei Luftatmung (mm Hg)

AaD$_{O_2}$ Luft $\quad\quad = $ Alv.-art. O_2-Druckdifferenz bei Luftatmung (mm Hg)

$\dfrac{Q_{va}}{\dot{Q}_{pulm}} \times 100 \quad = $ venöse Beimischung in % des Lungendurchflusses

D_{O_2}/m^2 Luft $\quad\quad = $ Diffusionskapazität pro m^2 Körperoberfläche bei Luftatmung

D_{O_2}/m^2 Hypoxie $= $ Diffusionskapazität pro m^2 Körperoberfläche bei 13—15% O_2 in der Insp.-Luft

post II $\quad\quad\quad\quad = $ Untersuchung 7—15 Monate post Op.

$\bar{x}$ $\quad\quad\quad\quad\quad\quad = $ Mittelwert

$S\bar{x}$ $\quad\quad\quad\quad\quad = $ mittlerer Fehler des Mittelwertes

       * $P \leqq 0,05 > 0,01$

      ** $P \leqq 0,01 > 0,001$

     *** $P \leqq 0,001$

[1] Die Signifikanz betrifft die Zunahme der D_{O_2} bei Hypoxie gegenüber der D_{O_2} bei Luftatmung.

Die Einzelwerte für die Diffusionsfähigkeit bei Luftatmung und Hypoxie sind in der Abb. 1 noch einmal eingetragen, in die zusätzlich auch die Werte der ersten Nachuntersuchung 4—10 Wochen nach der Operation mit aufgenommen sind. Die Grenze des Normalbereiches ist bei 9 ml/mm Hg × min × m² angegeben.

Diese Grenze ist hier in den Abb. 1 und 2 verhältnismäßig hochliegend angegeben worden. Sicherlich ist die Grenze zwischen normalen und pathologischen Diffusionsverhältnissen nicht ganz scharf zu ziehen: Unter der Annahme einer normalen O_2-Aufnahme errechnen sich mit Hilfe des Thewsschen Verfahrens 7,3 ml/mm Hg × min × m², wenn man eine Enddruckdifferenz $P_{A_{O_2}} — P_{c'_{O_2}}$ von 1 mm Hg zugrunde legt und ein Wert von 10,4 ml/mm Hg × min × × m², wenn man eine Enddruckdifferenz von 0,1 mm Hg annimmt (36).

Man sieht, wie stark die Werte, besonders bei Hypoxie streuen, erkennt aber bei Luftatmung die erwähnte geringe Tendenz zum Ansteigen des Diffusionsfaktors nach der Operation. Bei Hypoxie läßt sich dagegen bei der starken Streuung keine wesentliche Änderung gegenüber den präoperativen Werten erkennen. Dieses unterschiedliche Verhalten des Diffusionsfaktors könnte dadurch erklärt werden, daß nach der Operation eine Verminderung präoperativ bestehender Verteilungsstörungen vorliegt, wodurch ein Anstieg der D_{O_2} bei Luftatmung nur vorgetäuscht wird.

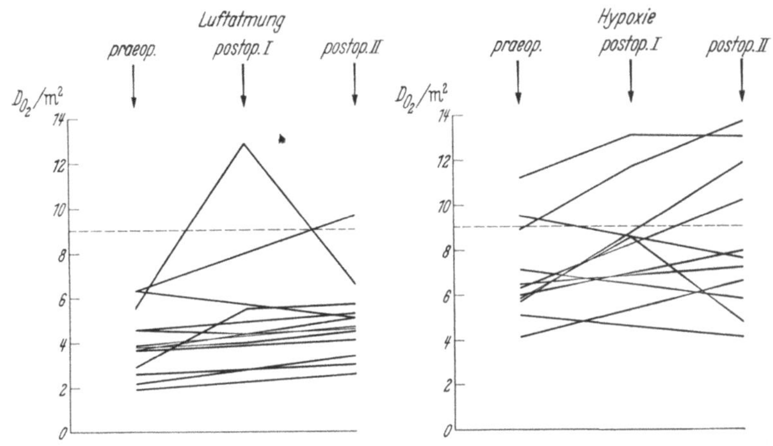

Abb. 1. Diffusionskapazität bei Patienten mit Mitralstenose vor und nach Kommissurotomie. post op. I: Untersuchung 4—7 Wochen post op.; post op. II: Untersuchung 7—15 Monate post op.

Eine mehr oder weniger starke Verminderung der Diffusionsfähigkeit bei Mitralstenosen ist von einer Reihe von Autoren sowohl mit der O_2-Methode (*7, 9, 13, 15, 21, 23, 33, 46*) als auch mit CO-Methoden (*1, 19, 26*) gefunden worden. Den herabgesetzten Funktionswerten entsprechen die histologischen Befunde bei der Mitralstenose (*6, 29, 31*), die im wesentlichen in einer Wandverdickung der kleinen Gefäße und in einer Sklerosierung und Verbreiterung der Alveolarsepten als Folge der chronischen Stauung im Lungenkreislauf bestehen. Unsere postoperativen Befunde sprechen dafür, daß diese anatomischen Veränderungen nur in geringem Maße reversibel sind. Um so wichtiger erscheint es im Hinblick auf die Lungenfunktion, möglichst frühzeitig zu operieren — jedenfalls bei den progredienten Fällen — noch bevor sich schwere und weitgehend irreversible Lungenveränderungen ausgebildet haben. Dabei bildet auch eine starke Einschränkung der Diffusionsfähigkeit keine absolute Kontraindikation gegen die Operation. Auch bei vorher schwer beeinträchtigten Patienten war postoperativ, wohl vor allem im Zusammenhang mit den günstigeren hämodynamischen Verhältnissen, klinisch eine erhebliche Besserung feststellbar. Das entspricht durchaus den Befunden von GOODALE u. Mitarb. (*24*), die auch bei Patienten mit histologisch nachgewiesenen sehr schweren Veränderungen der Alveolarwände klinisch gute und z. T. ausgezeichnete Ergebnisse erhalten haben.

Die Tab. 2 zeigt Ihnen die Befunde, die wir bei Kranken mit Pericarditis constrictiva erheben konnten. Auch bei diesem Krankheitsbild kommt es zu einer

Druckerhöhung im linken Vorhof und zu einer chronischen Lungenstauung als Folge der diastolischen Einflußbehinderung des linken Ventrikels. Quantitativ entspricht die Druckerhöhung im linken Vorhof etwa der im rechten Vorhof (*5, 44*). Auch hier sind Störungen der Lungenfunktion zu erwarten, wenn auch klinisch im allgemeinen die Stauung vor dem rechten Herzen im Vordergrund steht.

Tabelle 2. *Lungenfunktionswerte bei 9 Pat. mit Pericarditis constrictiva vor und nach Perikardektomie*

Name	Pa_{O_2} Luft		AaD_{O_2} Luft		$\dfrac{\dot{Q}_{va}}{\dot{Q}_{pulm}} \times 100$		D_{O_2}/m^2 Luft		D_{O_2}/m^2 Hypoxie	
	prae	post II	prae	post II	prae	post II	prae	post II	prae	post II
H. F.	97,0	86,0	11,0	6,0	3,0	3,1	9,4	14,3	7,2	7,5
W. F.	88,0	78,0	11,7	22,0	1,9	3,2	7,8	3,5	—	—
F. R.	95,0	85,0	11,3	11,4	3,0	1,7	6,7	6,5	13,7	9,6
B. M.	92,0	87,0	27,1	26,2	1,8	1,9	4,6	3,9	12,2	7,2
K. A.	78,0	79,0	48,0	29,0	4,5	3,4	2,2	3,2	9,7	11,1
E. W.	87,0	94,0	4,0	1,8	2,0	2,1	12,3	10,9	6,3	6,2
A. S.	66,0	64,0	39,0	31,5	8,6	6,2	2,6	2,9	5,1	4,4
G. S.	77,0	94,0	35,9	13,0	6,2	5,7	3,6	11,8	10,0	7,9
H. P.	80,0	79,0	21,7	27,6	7,5	3,6	11,1	3,2	3,9	5,5
$\bar{x}$	84,44	82,89	23,30	18,72	4,28	3,43	6,70	6,69	8,51	7,43
$S\bar{x}$	±3,34	±3,09	±5,05	±3,91	±0,86	±0,53	±0,39	±1,48	±1,72	±0,76

post II = Untersuchung 8—39 Monate post Op.
Weitere Erklärungen der Symbole s. Tab. 1.

Man sieht an dem Mittelwert der AaD_{O_2} von 23,3 mm Hg, daß die Gesamtstörung vor der Operation bei unseren 9 Patienten im Durchschnitt etwas weniger ausgeprägt ist als bei den Mitralstenosen. Bei 4 von den 9 Patienten ist hier die AaD_{O_2} normal oder annähernd normal. Postoperativ findet sich ein etwas niedrigerer Mittelwert, die Differenz läßt sich jedoch nicht sichern. Der Mittelwert der Diffusionskapazität ist bei Luftatmung nur wenig erniedrigt, bei Hypoxie liegt er, wie es auch bei den Mitralstenosen der Fall ist, etwas höher. Postoperativ zeigt sich wenig Änderung. Die venöse Beimischung liegt im Mittel knapp oberhalb des Normalbereiches, Einzelwerte sind auch bei dieser Patientengruppe deutlich erhöht.

Betrachtet man wieder die Einzelwerte der Diffusionskapazität (Abb. 2), so zeigt sich, daß trotz der relativ hoch liegenden Mittelwerte einzelne Patienten doch erhebliche Einschränkungen des Diffusionsvermögens zeigen, die auch postoperativ im allgemeinen nicht reversibel sind. Zur Ergänzung haben wir noch einige Werte von Patienten eingetragen, die nicht prä- und postoperativ untersucht wurden und die durch die eingezeichneten Kreuze gekennzeichnet sind. Berücksichtigt man auch diese Werte, so kann man sagen, daß präoperativ bei der Hälfte unserer Patienten mit Pericarditis constrictiva eine erhebliche Herabsetzung der Diffusionsfähigkeit vorliegt. Man sieht auch, daß die in den ersten Wochen nach der Operation gewonnenen Meßwerte u. U. noch stark von den nach einem längeren Zeitraum erhaltenen Ergebnissen abweichen können.

Hinsichtlich der Möglichkeit eines postoperativen Anstieges der Diffusionsfähigkeit bei Mitralstenosen und Panzerherzen ist zu bemerken, daß bei den letzteren die Verhältnisse eher noch ungünstiger liegen als bei den Mitralstenosen, da sich durch die Operation bei diesem Krankheitsbild anscheinend nicht so regelmäßig eine ausreichende Senkung des linken Vorhofdruckes erreichen läßt, wie bei den Mitralstenosen. So betonen auch SCANNEL u. a. (40) sowie SAWYER u. Mitarb. (39), daß sowohl eine inkomplette Befreiung der Ventrikel bei der Operation als auch eine oft ausgeprägte Myocardatrophie und -fibrose dazu führen, daß normale hämodynamische Verhältnisse postoperativ oft nur langsam und unvollständig erreicht werden.

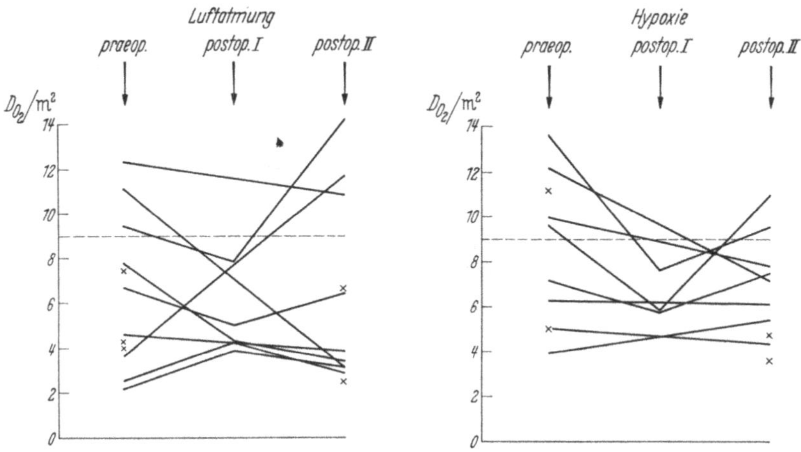

Abb. 2. Diffusionskapazität bei Patienten mit Pericarditis constrictiva vor und nach Perikardektomie. *post op. I:* Untersuchung 5—9 Wochen post op.; *post op. II:* Untersuchung 8—22 Monate post op.; × Werte von Patienten, die nicht prä- und postop. untersucht wurden

Daß es nach Resektion eines Lungenlappens oder eines ganzen Lungenflügels im allgemeinen keineswegs zu einer Abnahme der in Ruhe gemessenen Diffusionsfähigkeit entsprechend dem prozentualen Anteil des resezierten Lungenvolumens kommen muß, soll die Tab. 3 zeigen. Die Angaben in der Literatur sind hier nicht ganz einheitlich: Eine Reihe von Autoren findet, besonders mit CO-Methoden, ziemlich regelmäßig eine Abnahme der Diffusionsfähigkeit nach der Resektion (12, 16, 17, 27, 33), während andere Autoren gezeigt haben, daß die arteriellen Blutgase nach Pneumonektomie oder nach Blockung eines Hauptastes der Arteria pulmonalis in Ruhe normale oder annähernd normale Werte aufweisen können (10, 14, 25, 32, 45, 47). Treffen letztere Befunde zu, so müssen Membranoberfläche und Capillarblutvolumen in der nicht betroffenen Lunge zunehmen. Ob im Einzelfall eine völlige Kompensation möglich ist, wird einmal davon abhängen, ob die Restlunge normal oder ebenfalls pathologisch verändert ist. RODEWALD (36, 37) hat bei einer größeren Patientengruppe mit beiderseitigen Lungenveränderungen bei der Pulmonalisblockung einen signifikanten Abfall der vorher bereits erniedrigten Diffusionskapazität bei leicht ansteigenden Pulmonalisdrucken gesehen. Weiterhin wird man eine Abhängigkeit der Anpassungsfähigkeit vom Lebensalter erwarten. So zeigen in unserer Tabelle diejenigen Patienten, die nach der Resektion den stärksten Abfall der Diffusionsfähigkeit aufweisen, auch das höchste Lebensalter, das sind F. B. bei den Pneumektomien und E. S. bei den Lobektomien. Natürlich kann die geringe Anzahl von Patienten in dieser Gruppe keinen

allzu weitgehenden Schluß in dieser Hinsicht erlauben, ein Zusammenhang mit
dem Lebensalter ist hier aber doch recht wahrscheinlich.

Tabelle 3. *Arterieller Sauerstoffdruck, AaD_{O_2}, venöse Beimischung und
Diffusionskapazität vor und nach Lungenresektionen*

Pneumonektomie

	P_{O_2} Luft			AaD_{O_2} Luft			$\dfrac{\dot{Q}_{va}}{Q_{pulm}} \times 100$			D_{O_2}/m^2 Luft			D_{O_2}/m^2 Hypoxie		
	prae	post I	post II	prae	post I	post II	prae	post I	post II	prae	post I	post II	prae	post I	post II
H. R., 32J., Tbc.	75,0	—	75,0	31,4	—	25,6	8,7	—	3,5	4,3	—	3,9	8,7	—	—
G.J., 23 J., Tbc.	88,0	88,0	—	20,0	12,5	—	3,6	2,1	—	4,1	4,8	—	4,8	7,1	—
F.B., 54 J.,Tu.	75,0	56,5	—	31,9	45,8	—	6,2	5,1	—	4,0	2,8	—	8,1	4,1	—
R.W., 27 J., Tbc.	—	—	82,0	—	—	17,6	—	—	8,4	—	—	8,6	—	—	7,3

Lobektomie

W.B.44 J.,Tu.	91,0	75,0	85,0	26,6	26,4	15,4	7,0	5,8	3,3	2,9	3,6	5,1	5,6	4,3	9,6
M.B., 25 J., Tbc.	92,0	—	94,0	7,8	—	4,9	2,9	—	1,2	9,0	—	7,2	—	—	14,8
O.M. 24 J., Tbc.	69,5	—	79,0	33,5	—	22,0	5,8	—	4,1	3,3	—	4,3	—	—	—
E.S., 54 J., Tbc.	88,0	77,0	—	21,0	37,8	—	7,6	4,3	—	6,5	3,6	—	6,0	—	—

post I = 3—17 Wochen post Op.
post II = $5^1/_2$—8 Monate post Op.
Weitere Erklärungen der Symbole s. Tab. 1

Der Fall R. W. ist ein Beispiel für ein praktisch normales Diffusionsvermögen
nach einer Pneumonektomie. Die Erniedrigung des arteriellen O_2-Druckes ist durch
ein erhöhtes Shuntvolumen verursacht. Auch bei Patient M. B. liegen prä- wie
postoperativ annähernd normale Verhältnisse hinsichtlich des Gasaustausches
vor. Bei dem Kranken W. B., bei dem wegen eines Tumors der rechte Unterlappen
reseziert werden mußte, besteht postoperativ sogar eine Verbesserung der Diffusionsfähigkeit, ein bemerkenswerter Befund, der durch das weitgehend gleichsinnige Verhalten der D_{O_2} bei Hypoxie gut gesichert erscheint. Man kann sich
diesen Befund vielleicht so erklären, daß präoperativ der zu resezierende Unterlappen praktisch keinen Anteil an dem Diffusionsvermögen der Gesamtlunge ge-
habt hat und daß in diesem Fall die überdehnten Restlappen postoperativ ein
höheres Diffusionsvermögen aufweisen als präoperativ.

Ob ein Patient nach einer Pneumonektomie eine ausreichende Anpassung der Restlunge
aufweisen wird, läßt sich am exaktesten mit Hilfe der eben erwähnten Analyse des Gasaustausches bei Pulmonalisblockung vorhersagen. Der hierzu notwendige technische Aufwand
ist allerdings sehr groß.

Die bisher gezeigten Meßdaten sind frühestens mehrere Wochen nach der
Operation gewonnen worden. Für die Beurteilung des Patienten unmittelbar
nach einer Thoraxoperation interessiert jedoch auch das Verhalten des Gasaustausches in den allerersten postoperativen Tagen, und zwar ganz besonders bei
unseren am meisten gefährdeten Kranken, das sind die mit Hilfe der extrakorporalen Zirkulation operierten Patienten. In der Abb. 3 sind die arteriellen
Sauerstoff- und Kohlensäure-Drucke solcher Patienten für die ersten 20 postoperativen Stunden bei Spontanatmung im Sauerstoffzelt eingetragen. Man sieht,
daß ein großer Teil der Sauerstoffwerte weit unterhalb des für die Atmung im

Sauerstoffzelt gültigen Normalbereiches und vielfach extrem tief liegt. Bei der Frage nach der Ursache dieser Störung scheidet für die Mehrzahl der Patienten eine allgemeine alveolare Hypoventilation aus, da die Kohlensäuredrucke nur in wenigen Fällen den Normalbereich wesentlich überschreiten.

Um die Störung auch hier näher zu differenzieren, haben wir bei 5 Patienten mit kongenitalen Herzfehlern, die mit Hilfe der Herz-Lungen-Maschine operiert

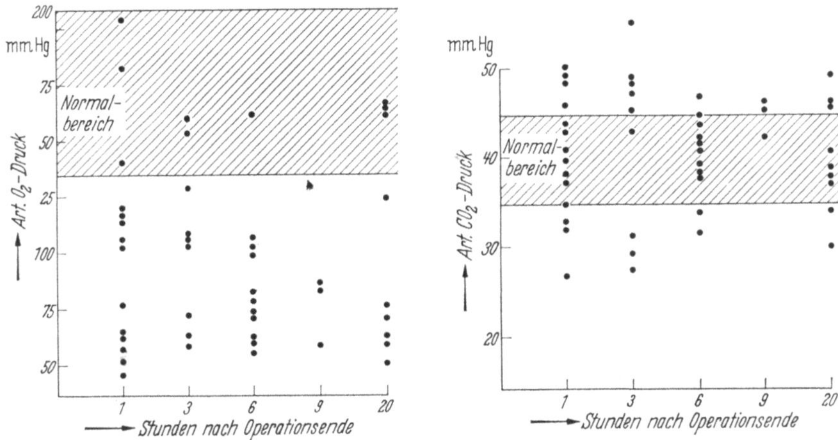

Abb. 3. Arterieller Sauerstoff- und Kohlensäuredruck von Patienten im Sauerstoffzelt nach Operation mit extrakorporaler Zirkulation

wurden, kurz vor der Operation und am ersten postoperativen Tag die Diffusions- fähigkeit und die Shuntdurchblutung ermittelt (Tab. 4). Wir fanden bei 3 Patien- ten eine erhöhte venöse Beimischung und außerdem bei allen 5 Patienten eine beträchtliche Einschränkung der Diffusionsfähigkeit bei Luftatmung. Wir haben vorn schon erwähnt, daß bei Luftatmung Verteilungsstörungen in die D_{O_2}-Werte stark eingehen, und so dürften auch hier die errechneten niedrigen D_{O_2}-Werte durch möglicherweise vorhandene Verteilungsstörungen mitbedingt sein. Eine Er- mittlung der D_{O_2} bei Hypoxie ist bei diesen Patienten aus naheliegenden Gründen ausgeschlossen.

Zu den präoperativen Befunden ist zu bemerken, daß in dem Wert der venösen Bei- mischung bei Patient C. P. der intrakardiale Rechts-Links-Shunt mit enthalten ist, den man ja nur vom pulmonalen Shunt trennen kann, wenn zusätzlich Blut des linken Vorhofs zur Analyse vorliegt. Weiter ist bei 2 Kranken das Diffusionsvermögen schon vor der Operation herabgesetzt, ein Befund, der sich bei Patient E. P. auf eine durchgemachte Lungentuberkulose zurückführen läßt. Bei Patient C. P. mit Fallotscher Tetralogie wird ursächlich eine Ver- minderung der Blutfülle des Lungencapillarbettes als Folge der Pulmonalstenose eine Rolle spielen, auch an die bei Fallot-Patienten häufig — in etwa 70% der Fälle — auftretenden Thrombosen der kleinen Lungengefäße (20) muß bei diesem Befund gedacht werden.

Es liegt nahe, die postoperativ gefundenen Störungen des Gasaustausches zu- nächst einmal mit den gewöhnlichen und häufigen Folgeerscheinungen einer Thorakotomie, wie Ergüssen, Teilatelektasen, Sekretverhaltungen usw. in Zu- sammenhang zu bringen. Die klinischen und röntgenologischen Befunde ließen jedoch keine Korrelation zu den gefundenen Lungenfunktionsstörungen erkennen.

Um weiter zu klären, ob die festgestellten Störungen des Gasaustausches mit der Anwendung der extrakorporalen Zirkulation in Zusammenhang stehen, haben wir bei 6 Hunden (Tab. 5) D_{O_2} und Q_{sh} unmittelbar vor und nach künstlicher Durchströmung bestimmt[1]. Man sieht, daß nach der Perfusion eine signifikante Zunahme der venösen Beimischung auf das Dreifache des Ausgangswertes und außerdem eine sehr gut gesicherte Abnahme der Diffusionskapazität auf etwa

Tabelle 4. *Prä- und postoperative Lungenfunktionswerte von 5 Pat. mit angeborenen Herzfehlern*

	Pa_{O_2} Hyperoxie mm Hg		Pa_{O_2} Luft mm Hg		AaD_{O_2} Hyperoxie mm Hg		AaD_{O_2} Luft mm Hg		$\dfrac{\dot{Q}_{va}}{\dot{Q}_{pulm}} \times 100$		D_{O_2}/m^2 Luft		Postoperative Röntgenbefunde
	prae	post	prae	post	prae	post	prae	post	prae	post	prae	post	
Normalwerte	~ 200		~ 92		~ 30		~ 8		< 5		> 9		
H. H. Pulm. sten.	192	165	91	76,5	44,6	48,3	8,3	26,1	2,9	2,4	7,1	2,6	o. B.
D. H. Pulm. sten.	128	71	85	46	102,3	132,3	10,2	42,1	5,7	25,2	17,0	2,4	Trübung li. Mittel und Unterfeld, Erguß
K. O. ASD	160	77	81	47	63,2	135,4	10,5	50,4	11,6	16,7	12,0	1,4	bds. geringer Pleuraerguß
E. P. ASD	160	166	79	76,5	72,7	53,4	16,0	18,9	8,3	2,7	4,7	3,9	Fleckige Verschattung rechts basal
C. P. Fallot	80	115	59	62	164,9	98,8	42,3	34,1	30,3[1]	12,2	3,5	2,8	o. B.

Pa_{O_2} Hyperoxie und AaD_{O_2} Hyperoxie = art. O_2-Druck und Alv.-art. O_2-Druckdifferenz bei Atmung im Sauerstoffzelt ($40\%\ O_2$)

[1] Ven. Beimischung in % des HZV

Weitere Erklärung der Symbole s. Tab. 1

die Hälfte des Ausgangswertes besteht[2]. In Kontrollversuchen, bei denen wir die Versuchstiere unter sonst gleichbleibenden Bedingungen über genau den gleichen Zeitraum bei offenem Thorax künstlich ventiliert haben, blieb dagegen, wie die Tab. 6 zeigt, die Kurzschlußdurchblutung völlig normal, während die Diffusionskapazität zu unserer Überraschung ebenfalls abfiel. Die Abnahme war allerdings geringer als in den Maschinenversuchen und betrug etwa ein Drittel des Ausgangswertes.

Fragen wir nach der Ursache dieser Veränderungen, so ist es bei den Perfusionsversuchen denkbar, daß Störungen der Lungenfunktion als Folge einer Mangeldurchblutung des Organs entstehen, da ja bei der künstlichen Durchströmung die gesamte Pulmonalisdurchblutung entfällt und die Lunge lediglich auf eine Versorgung von seiten der Bronchialarterien angewiesen ist. Die Vorstellung einer echten Mangeldurchblutung der Lunge unter diesen Bedingungen gewinnt an Wahrscheinlichkeit, wenn man die Versuche von BOSTROEM und LOCHNER (*8*) sowie von AVIADO (*2*) über den Sauerstoffverbrauch der Lunge berücksichtigt.

---

[1] Diese Versuche wurden in Zusammenarbeit mit M. PASINI, A. SCHAUDIG, H. G. AUBERGER und H. G. BORST durchgeführt und sollen in anderem Zusammenhang ausführlich dargestellt werden (*28*).

[2] *t*-Test der Differenzen.

Der Sauerstoffverbrauch scheint bei alleiniger Durchströmung von den Bronchialarterien aus deutlich geringer zu sein als bei Durchströmung von der A. pulmonalis aus[1].

Tabelle 5. *Lungenfunktionswerte von 6 Versuchstieren vor und nach 60 min ECC bei offenem Thorax*

Versuch	Pa_{O_2} Hyperoxie mm Hg		Pa_{O_2} Luft mm Hg		AaD_{O_2} Hyperoxie mm Hg		AaD_{O_2} Luft mm Hg		$\frac{\dot{Q}_{va}}{\dot{Q}_{pulm}} \times 100$		D_{O_2}/m^2 Luft	
Nr.	prae	post	prae	post	prae	post	prae	post	prae	post	prae	post
6	136,0	74,5	76,4	42,6	91,9	152,9	18,5	39,5	6,00	12,80	6,60	2,80
7	183,0	153,0	83,0	55,0	49,0	86,4	23,3	46,3	2,02	3,58	3,88	2,05
8	154,0	75,5	86,0	58,5	76,6	137,9	18,2	35,8	4,65	19,65	5,64	3,64
9	186,0	85,0	94,0	64,0	44,4	145,0	11,8	45,9	2,80	14,19	6,01	2,87
10	156,0	101,0	77,0	51,0	80,2	131,8	24,3	39,7	5,73	16,40	4,73	3,59
11	220,0	155,0	81,3	71,8	24,3	72,3	15,7	29,9	1,33	3,74	10,54	3,20
$\bar{x}$	172,5	107,3	83,0	57,2	61,1	121,1	18,6	39,5	3,76	11,73**	6,23	3,03***
$S\bar{x}$	±10,3	±15,3	±2,7	±4,2	±10,5	±13,6	±1,9	±2,5	±0,81	±2,7	±0,9	±0,24

Pa_{O_2} Hyperoxie und AaD_{O_2} Hyperoxie = art. O_2-Druck und Alv.-art. O_2-Druckdifferenz bei 40% O_2 in der Insp.-Luft

Weitere Erklärungen der Symbole s. Tab. 1

** $P \leqq 0{,}01 > 0{,}001$

*** $P \leqq 0{,}001$

Tabelle 6. *Lungenfunktionswerte von 6 Kontrolltieren, Thorakotomie ohne ECC*

Versuch	Pa_{O_2} Hyperoxie mm Hg		Pa_{O_2} Luft mm Hg		AaD_{O_2} Hyperoxie mm Hg		AaD_{O_2} Luft mm Hg		$\frac{\dot{Q}_{va}}{\dot{Q}_{pulm}} \times 100$		D_{O_2}/m^2 Luft	
Nr.	prae	post	prae	post	prae	post	prae	post	prae	post	prae	post
12	206,0	169,0	88,0	82,5	34,0	78,3	23,1	27,2	1,74	1,32	2,58	2,16
13	198,0	151,0	92,0	85,0	32,0	79,0	8,0	15,0	1,41	2,93	6,15	3,56
14	210,0	172,0	64,8	61,5	30,0	68,0	7,0	14,8	1,26	2,70	8,54	4,62
15	198,0	196,0	91,0	87,3	29,7	35,9	6,8	16,8	1,99	1,23	9,84	4,61
16	210,0	160,0	67,0	67,0	30,0	80,0	20,1	32,2	1,33	2,15	5,54	3,21
17	192,0	185,0	71,5	66,0	44,3	46,1	34,1	37,5	1,29	2,06	2,65	2,68
$\bar{x}$	202,3	172,2	79,1	71,6	33,3	64,6	16,5	23,9	1,50	2,07	5,88	3,47*
$S\bar{x}$	±2,5	±7,0	±5,0	±4,9	±2,3	±7,7	±4,6	±4,0	±0,12	±2,8	±1,2	±0,42

Erklärungen der Symbole s. Tab. 1 und 5

* $P \leqq 0{,}01 > 0{,}001$

Allerdings wäre dann eine Abhängigkeit der Größe der entstehenden Störung von der Größe der vorhandenen Bronchialdurchblutung zu erwarten. RODEWALD[2] hat nicht den Eindruck, daß nach extrakorporaler Zirkulation Funktionsstörungen der Lunge bei Krankheiten mit extrem hohem Bronchialfluß (z. B. Fallotsche Tetralogie) geringer ausgeprägt sind als bei Erkrankungen mit normaler Bronchialzirkulation. Andererseits hat in neuerer Zeit BÜCHERL (*11*) im Tierexperiment gezeigt, daß nach vorübergehendem Verschluß eines Pulmonalisastes Änderungen des Gasaustausches im betroffenen Lungengebiet auftreten können. Ein weiterer

[1] Diskussionsbemerkung W. LOCHNER.

[2] Diskussionsbemerkung G. RODEWALD.

Hinweis für die Möglichkeit einer Entstehung von Diffusionsstörungen nach künstlicher Perfusion sind die histologischen Befunde von Meessen (*30*), der elektronenmikroskopisch eine deutliche Verbreiterung der Basalmembran und des Alveolarepithels bis auf das Fünffache des Normalwertes nach extrakorporaler Zirkulation nachgewiesen hat.

Zu der Abnahme der D_{O_2} nach Thorakotomie allein ist zu bemerken, daß sich in den beiden Versuchsreihen mit und ohne Maschine die Herzzeitvolumina unterschiedlich verhalten. Die Tab. 7 zeigt, daß bei den Maschinenversuchen das Herzzeitvolumen (HZV) im Mittel um etwa 10%, bei den Kontrollversuchen dagegen um über 40% des Ausgangswertes abfällt. Es ist bekannt, daß z. B. beim Arbeitsversuch mit ansteigendem HZV und ansteigendem Capillarblutvolumen der Lunge die Diffusionskapazität größer wird (*22, 32, 41*). Die Abb. 4, die einer Arbeit von Forster (*22*) entnommen ist, möge einen Hinweis geben auf die bei Änderung des Herzzeitvolumens zu erwartende Größenordnung in der Änderung der Diffusionskapazität (in diesem Versuch für CO): 40% HZV-Änderung könnten nach grober Schätzung sehr wohl 30% Änderung der Diffusionskapazität zur Folge haben. Damit würde die von uns in den Kontrollversuchen beobachtete Minderung der Diffusionsfähigkeit nicht als Folge der Thorakotomie — wie wir zunächst angenommen haben — sondern als Folge der gleichzeitig eingetretenen HZV-Abnahme bei dieser Versuchsserie aufzufassen sein. Ob allerdings ein Vergleich unserer Befunde mit bei Arbeitsversuchen erhobenen gerechtfertigt ist, erscheint fraglich, wenn man die Versuche von Ross, Frayser und Hickam (*38*) berücksichtigt. Diese Autoren haben keine Änderung der D_{O_2} gesehen, wenn sie die HZV-Steigerung nicht durch Arbeit, sondern z. B. durch Adrenalin oder durch Lösen vorher angelegter arterieller Tourniquets hervorgerufen haben. Das vorliegende Problem kann an dieser Stelle nicht ausführlich diskutiert werden, doch scheinen für eine eindeutige Klärung dieser Frage noch weitere Experimente erforderlich zu sein.

Tabelle 7. *Herzzeitvolumen pro m² Körperoberfläche (Ficksche Methode) bei 6 Versuchstieren vor und nach 60 min extrakorporaler Zirkulation (ECC) sowie vor und nach 60 min offenem Thorax*

	HZV/m² (ml/min) mit ECC		HZV/m² (ml/min) Thorakotomie	
	prae	post	prae	post
	1713	718	1551	334
	2229	1446	1890	1190
	2160	2625	2181	933
	3534	2449	4038	2000
	2970	3390	2821	1627
	2381	2649	2069	2030
$\bar{x}$	2499,0	2212,0 (—11,4%)	2424,0	1352,0 (—44,2%)
$S\bar{x}$	±267,5	±392,5	±364,5	±257,3

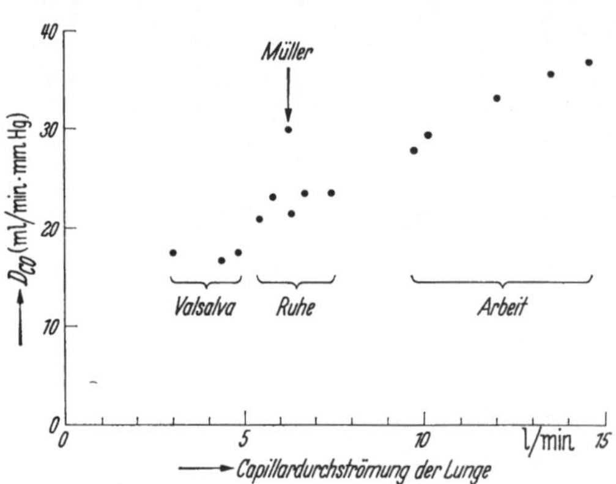

Abb. 4. Diffusionskapazität in Abhängigkeit von der Capillardurchblutung der Lunge (nach R. E. Forster)

Fassen wir zusammen: Wir finden bei Mitralstenosen und Panzerherzen eine zum Teil erhebliche Abnahme der Diffusionsfähigkeit. Postoperativ ist nur bei den Mitralstenosen eine geringe Zunahme der D_{O_2} bei Luftatmung festzustellen, an der möglicherweise eine Minderung von Verteilungsstörungen beteiligt ist. Lungenresektionen müssen nicht unbedingt zu einer Minderung der Diffusionskapazität führen, da unter günstigen Bedingungen das verbleibende Lungengewebe den Ausfall kompensieren kann. Nach Anwendung einer Herz-Lungen-Maschine kann es sowohl bei Patienten als auch im Tierversuch zu einem Anstieg der Kurzschlußdurchblutung und zu einer Verminderung der Diffusionsfähigkeit kommen. Nur die letztere ist im Tierversuch auch nach einfacher Thorakotomie nachweisbar, wobei ursächlich eine Herabsetzung des HZV bei diesen Versuchen in Frage kommt.

Literatur

1. Auchincloss, J. H. Jr., R. Gilbert and R. H. Eich: Circulation 19, 232 (1959).
2. Aviado, D. M. Jr., and Sh. Saito: Fed. Proc. 17, I, 7 (1958).
3. Bartels, H., R. Beer, E. Fleischer, H. J. Hoffheinz, J. Krall, G. Rodewald, J. Wenner u. I. Witt: Pflügers Arch. ges. Physiol. 261, 99 (1955).
4. Bartels, H., E. Bücherl, C. W. Hertz, G. Rodewald u. M. Schwab: Lungenfunktionsprüfungen. Methoden und Beispiele klinischer Anwendung. Berlin-Göttingen-Heidelberg: Springer-Verlag 1959.
5. Bayer, O., F. Grosse-Brockhoff, F. Loogen u. H. H. Wolter: Z. Kreisl.-Forsch. 45, 697 (1956).
6. Bayer, O., F. Grosse-Brockhoff, F. Loogen u. H. Meessen: Arch. Kreisl.-Forsch. 26, 238 (1957).
7. Blount, S. G. Jr. M. C. McCord, L. L. Anderson and S. Komesu: J. Lab. clin. Med. 40, 782 (1952).
8. Bostroem, B., u. W. Lochner: Pflügers Arch. ges. Physiol. 260, 511 (1955).
9. Bricaud, H., D. Cottin, P. Mathé et P. Broustet: Arch. Mal. Coeur 52, 861 (1959).
10. Bücherl, E. S., u. R. Bücherl: Thoraxchirurgie 5, 519 (1958).
11. Bücherl, E.: 11, Chir. Symposion. Salzburg 1959.
12. Burrows, B., R. W. Harrison, W. E. Adams, E. M. Humphreys, E. T. Long and A. E. Reimann: Amer. J. Med. 28, 281 (1960).
13. Caroll, D., J. E. Cohn and R. L. Riley: J. clin. Invest. 32, 510 (1953).
14. Cournand, A., R. L. Riley, A. Himmelstein and R. Austrian: J. thorac. Surg. 19, 80 (1950).
15. Curti, P. C., G. Cohen, B. Castleman, J. G. Scannel, A. L. Friedlich and G. S. Myers: Circulation 8, 893 (1953).
16. Curtis, J. K., H. Bauer, S. Loomans and H. K. Rasmussen: Amer. J. med. Sci. 236, 1 (1958).
17. Dietiker, F., W. Lester and B. Burrows: Amer. Rev. Resp. Dis. 81, 830 (1960).
18. Doll, E., u. K. König: Referat in dieser Veröffentlichung.
19. Englert, M., et H. Denolin: Arch. Mal. Coeur 52, 1215 (1959).
20. Ferencz: Bull. Johns Hopk. Hosp. 106, 81 (1960).
21. Friedmann, B. L., J. de J. Macias and P. N. Yu: Amer. Rev. Tuberc. 79, 265 (1959).
22. Forster, R. E.: Pulmonary Circulation. An international symposium 1958. New York u. London: Grune & Stratton 1959.
23. Fowler, N. O., R. Cubberly and E. Dorner: Amer. Heart J. 48, 1 (1954).
24. Goodale, J. Jr. G. Sanchez, A. L. Friedlich, J. G. Scannel and G. S. Myers: New Engl. J. Med. 252, 979 (1955).
25. Harrison, R. W., W. E. Adams, E. T. Long, B. Burrows and A. Reimann: J. thorac. Surg. 36, 352 (1958).
26. MacIntosh, D. J., J. C. Sinnott, I. G. Milne and E. A. S. Reid: Ann. intern. Med. 49, 1294 (1958).

27. McIlroy, M. B., and D. V. Bates: Thorax 11, 303 (1956).
28. Loeschcke, G. C., R. Beer, M. Pasini, A. Schaudig, H. G. Auberger u. H. G. Borst: (in Vorbereitung).
29. Meessen, H.: Dtsch. med. Wschr. 81, 1445 (1956).
30. — 44. Tagg. dtsch. Ges. Pathologie München (1960).
31. Parker, J. Jr., and S. Weiss: Amer. J. Pathol. 7, 573 (1936).
32. Riley, R. L., R. H. Shepard, J. E. Cohn, D. G. Carroll and B. W. Armstrong: J. appl. Physiol. 6, 573 (1954).
33. — C. I. Johns, G. Cohen, J. E. Cohn, D. G. Carroll and R. H. Shepard: J. clin. Invest. 35, 1008 (1956).
34. Rodewald, G., H. Bartels, R. Beer, E. Fleischer, H. J. Hoffheinz, J. Krall, J. Wenner u. I. Witt: Z. ges. exp. Med. 126, 565 (1956).
35. Rodewald, G.: Lungen und kleiner Kreislauf. Bad Oeynhausener Gespräche I. Berlin-Göttingen-Heidelberg: Springer-Verlag 1957.
36. Rodewald, G.: Habilitationsschrift Hamburg 1958.
37. — Referat in dieser Veröffentlichung.
38. Ross, J. C., R. Frayser and J. B. Hickam: J. clin. Invest. 38, 916 (1959).
39. Sawyer, C. G., C. S. Burwell, L. Dexter, E. C. Eppinger, W. T. Goodale, R. Gorlin, D. E. Harken and F. W. Haynes: Amer. Heart J. 44, 207 (1952).
40. Scannel, J. G., G. S. Myers and A. L. Friedlich: Surgery 32, 184 (1952).
41. Shepard, R. H., E. Varnauskas, H. B. Martin, H. A. White, S. Permuth, J. E. Cotes and R. L. Riley: J. appl. Physiol. 13, 205 (1958).
42. Söderholm, B.: Scand. J. clin. Lab. Invest. 26, 9 (1957). (Zit. bei Rodewald, Habilitationsschrift 1958.)
43. Thews, G.: Pflügers Arch. ges. Physiol. 268, 281 (1959).
44. Uehlinger, A., F. Schaub u. A. Bühlmann: Schweiz. med. Wschr. 89, 853 (1959).
45. Vuylsteek, K., A. van Loo, I. Leusen, M. van der Straeten, J. Verstraeten, M. Roetgens u. R. Pannier: Verh. dtsch. Ges. Kreisl.-Forsch. 22, 229 (1956).
46. Williams, H.: J. clin. Invest. 32, 1094 (1953).
47. Williams, M. H. Jr., Ph. C. Canney and C. R. Rayford: J. thorac. Surg. 31, 643 (1956).

Aus der Medizinischen Universitätsklinik Freiburg i. Brsg.
(Direktor: Prof. Dr. Dr. h. c. L. HEILMEYER)

Die Sauerstoffdiffusionskapazität der Lunge bei Mitralstenose vor und nach der Commissurotomie

Von

ERICH DOLL und KURT KÖNIG

Mit 5 Abbildungen

Die von verschiedenen Untersuchern (*6, 12, 21, 27, 53*) mit den O_2-Methoden gewonnenen Normalwerte der Diffusionskapazität der Lunge für Sauerstoff liegen zwischen 12 und 36 ml O_2/mm Hg/min, die Mittelwerte zwischen 17 und 25 ml O_2/mm Hg/min. Von CARROLL u. Mitarb. (*12*) wird die normale Untergrenze mit 9 ml O_2 pro m² Körperoberfläche angegeben.

Mit der Sauerstoffmethode von BARTELS (*6*) untersuchten wir die Diffusionskapazität der Lunge unter Hypoxiebedingungen bei 21 Patienten mit verschieden starker Mitralstenose. Zur Bestimmung von $\overline{\varDelta P}$ benützten wir an Stelle des Bohrschen Verfahrens das von THEWS (*50*) angegebene Nomogramm. Für die Hypoxieatmung verwendeten wir ein Atemgemisch, das 13% O_2 in Stickstoff enthielt, für die Hyperoxie ein solches mit 40% Sauerstoffgehalt. Die Sauerstoffdruckmessung wurde mit der Hg-Tropfelektrode von BARTELS (*5*), die übrigen Blutgasanalysen nach VAN SLYKE und die Atemgasanalyse nach SCHOLANDER ausgeführt. Venöses Mischblut zur Bestimmung der AVD_{O_2} wurde mittels Herzkatheter während Luftatmung gewonnen. Die Einzelheiten des Untersuchungsganges sind von BARTELS (*6*) beschrieben worden, und die Brauchbarkeit der Methodik an sich wurde schon während des ersten Bad Oeynhausener Gespräches (*4*) besprochen.

A. Präoperative Untersuchungen

In Tab. 1 finden sich in Spalte 9 die bei unseren Patienten während der Atmung des angegebenen Hypoxiegemisches gefundenen Diffusionskapazitäten pro m² Körperoberfläche. Die Tabelle ist nach der Größe der Diffusionskapazität angeordnet, und zwar so, daß deren Werte von oben nach unten abnehmen. Nimmt man den von CARROLL, COHN und RILEY (*12*) angegebenen Wert von 9 ml O_2/m²Körperoberfläche als unteren normalen Grenzwert an, so weisen 12 von 21 Patienten eine verminderte DL_{O_2} auf, d. h. bei diesen 12 Patienten tritt in der Zeiteinheit und pro 1 mm Hg O_2-Druckdifferenz zwischen Alveole und mittlerem O_2-Capillardruck weniger Sauerstoff aus der Gasphase in die Blutphase über als dies normalerweise der Fall ist.

Tabelle 1. *Mitralstenose: Präoperative, in Körperruhe gewonnene Werte*

1.	2.	3.	4.	5.	6.	7.	8.	9.	10.	11.
Name	Alter (Jahre)	Ge-schlecht	Kli-nisches Stadium	Pa_{O_2} mm Hg Hypoxie	$P_{A_{O_2}}-Pa_{O_2}$ mm Hg Hyp·xie	$P_{A_{O_2}}-Pc'_{O_2}$ mm Hg Hypoxie	$\overline{\varDelta P}$ mm Hg	DL_{O_2}/m^2 ml O_2/ mm Hg/min	Qva/Qt $\times$ 100 %	PmA. pulm. mm Hg
B. A.	28	♀	II	47,40	2,20	1,60	9,40	20,34	0,89	20
R. A.	34	♀	II	60,00	2,50	2,00	9,50	15,90	0,89	55
H. G.	32	♀	II	52,00	2,40	2,10	10,10	15,30	0,76	30
Th. M.	34	♀	I	45,50	3,90	3,46	8,00	15,17	1,62	14
B. E.	42	♀	II	53,00	6,73	6,60	16,10	13,36	4,94	42
H. W.	25	♀	II	43,00	5,70	4,70	12,30	12,36	3,62	24
St. H.	25	♂	II	47,00	7,50	6,34	15,00	11,22	3,27	20
M. H.	24	♀	II	60,00	4,40	1,76	12,80	9,57	4,64	28
P. K.	45	♂	II	53,00	6,73	6,60	16,10	9,42	0,92	·39
U. H.	28	♂	II	40,00	8,20	7,30	16,50	8,29	2,69	20
G. L.	38	♀	II	43,00	7,90	7,73	15,60	7,72	0,76	28
A. E.	31	♀	III	37,00	19,20	18,10	27,60	7,35	4,59	16
G. E.	32	♀	III	32,60	13,50	12,77	21,20	7,07	3,78	49
St. E.	36	♀	III	54,40	9,10	7,80	21,70	6,96	1,22	60
B. J.	40	♀	III	33,50	19,89	18,99	30,80	5,77	2,29	43
H. H.	28	♀	IV	50,00	12,70	11,38	25,20	5,26	2,07	68
P. U.	33	♀	IV	44,50	29,10	27,50	41,60	4,19	3,12	48
R. G.	36	♀	IV	29,00	23,36	21,66	36,20	3,69	5,38	20
A. A.	46	♂	III	36,20	30,40	27,71	38,80	3,65	17,78	32
L. E.	46	♀	IV	41,40	34,00	31,98	44,50	2,84	7,02	42
W. R.*	42	♂	IV	53,50*	50,00*	44,10*	61,40	2,46	9,23	67

Pa_{O_2} = arterieller Sauerstoffdruck; $P_{A_{O_2}}-Pa_{O_2}$ = alveolar-arterieller Sauerstoffdruck-gradient; $P_{A_{O_2}}-Pc'_{O_2}$ = Sauerstoffdruckgradient zwischen Alveolarluft und Capillarblut am Ende der Lungencapillare; $\overline{p\varDelta}$ = mittlerer Sauerstoffdruckgradient zwischen Alveolarluft und Lungencapillarblut; DL_{O_2}/m^2 = Diffusionskapazität der Lunge pro m² Körperober-fläche; $Qva/Qt \times 100$ = venöse Beimischung in % des Herzzeitvolumens; *Pm. A. pulm.* = Mitteldruck in der A. pulmonalis (die Druckwerte in der A. pulmonalis verdanken wir Herrn Dr. med. H. STEIM, Med. Univ.-Klinik Freiburg).

1952 untersuchten ANDRUS u. Mitarb. (*1*) mit der Methode von RILEY und COURNAND (*41, 42, 43*) die DL_{O_2} bei 2 Mitralstenosepatienten. Sie fanden bei einem Patienten eine starke Erniedrigung der DL_{O_2} auf 2,3 ml O_2/m^2, während der zweite Patient eine fast normale Diffusionskapazität aufwies. In den folgenden Jahren wurden dann bei Mitralstenosepatienten mehrfach Diffusionskapazitäten für O_2 und CO während Körperruhe bestimmt, wobei öfters eine deutliche Erniedrigung nachgewiesen werden konnte (*2, 12, 13, 15, 16, 17, 45*).

Welche Mitralstenosepatienten zeigen nun eine verminderte Diffusionskapazität?

Bei Einteilung unserer Fälle nach den von der New York Heart Association (*36*) angegebenen klinischen Schweregraden — Stadium I: ohne Beschwerden, Stadium II: Atemnot bei stärkeren Graden der gewohnten Belastung, Stadium III: Atemnot bei leichter Belastung und Stadium IV: Ruhedyspnoe zusammen mit anderen Zeichen einer Herzinsuffizienz — findet man eindeutig eine Parallele zwischen Größe der Diffusionskapazität und klinischem Zustand der Patienten. Während Mitralstenosen im 2. Stadium einen DL_{O_2}-Mittelwert von 12,34 ergaben, liegen die Mittelwerte für Stadium III bei 6,16, für Stadium IV sogar bei 3,68.

Wie Abb. 1 zeigt, überschneiden sich Stadium III und II sowie Stadium II und IV nicht.

Die bestehenden Beziehungen zwischen dem Grad der Diffusionsstörung und der klinischen Stadieneinteilung der Mitralstenosen erfahren eine Objektivierung durch die an einer Reihe von Patienten zusätzlich durchgeführten Untersuchungen im Belastungsversuch (Abb. 2).

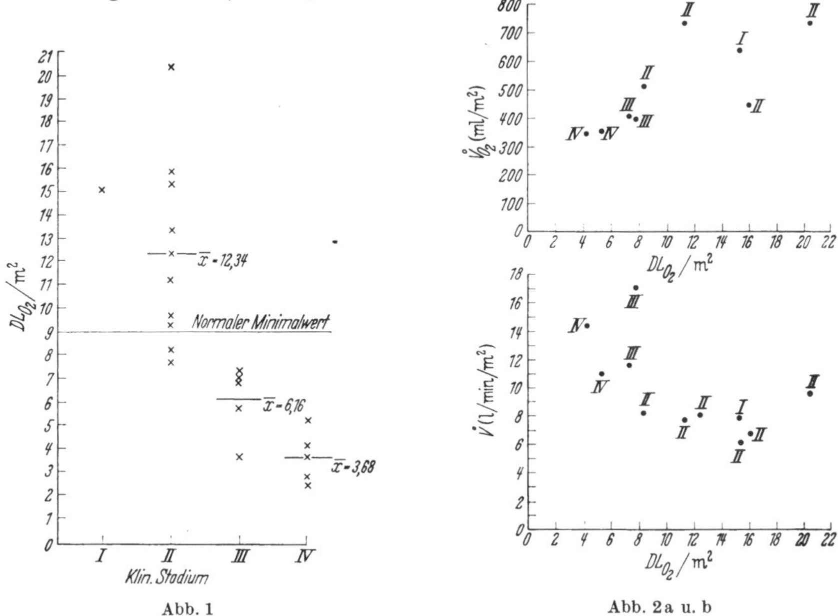

Abb. 1. Das Verhalten der Diffusionskapazität der Lungen (DL_{O_2}, angegeben pro m² Körperoberfläche) bei verschiedenen klinischen Schweregraden der Mitralstenose

Abb. 2a. Maximales Sauerstoffaufnahmevermögen ($\dot{V}_{O_2}$) im steady state und Diffusionskapazität der Lungen (DL_{O_2}) bei verschieden schweren Mitralstenosen (Stadium I, II, III, IV)

Abb. 2b. Atemminutenvolumen ($\dot{V}$) bei einer Belastung von 25 Watt im steady state am Fahrradergometer und Diffusionskapazität der Lungen bei verschieden schweren Mitralstenosen

Bei diesen Patienten untersuchten wir das maximale O_2 Aufnahmevermögen im steady state sowie das Verhalten des Atemminutenvolumens während Belastung.

Das höchste O_2-Aufnahmevermögen im steady state fanden wir bei den Fällen des I. und II. klinischen Stadiums, welche, wie eben gezeigt, eine noch normale Diffusionskapazität aufwiesen. Mit zunehmendem klinischem Schweregrad verminderte sich parallel zur Verschlechterung der Diffusion auch das maximale O_2-Aufnahmevermögen.

Bei denselben Fällen finden sich auf einer submaximalen Belastungsstufe von 25 Watt die niedrigsten Atemminutenvolumina bei den leichten Mitralstenosen, während die schweren Mitralstenosen ebenfalls parallel der Abnahme der DL_{O_2} einen Anstieg des Atemminutenvolumens zeigten.

Auch Curti u. Mitarb. (13), Auchincloss u. Mitarb. (2), MacIntosh u. Mitarb. (28) sowie Fowler u. Mitarb. (16) sahen bei den klinisch am meisten beeinträchtigten Patienten die niedrigste Diffusionskapazität, vereinzelt wurde allerdings auch bei schweren Mitralstenosen eine normale Diffusionskapazität gefunden.

CURTI u. Mitarb. (*13*) beispielsweise untersuchten 16 klinisch schwere Fälle von Mitralstenose, von denen 14 eine erniedrigte DL_{O_2} aufwiesen, während die beiden restlichen Fälle im untersten Normbereich lagen.

Auch die alveolär-arterielle O_2-Druckdifferenz nahm bei unseren Untersuchungen sowohl bei Luft- als auch bei Hypoxieatmung mit dem klinischen Schweregrad

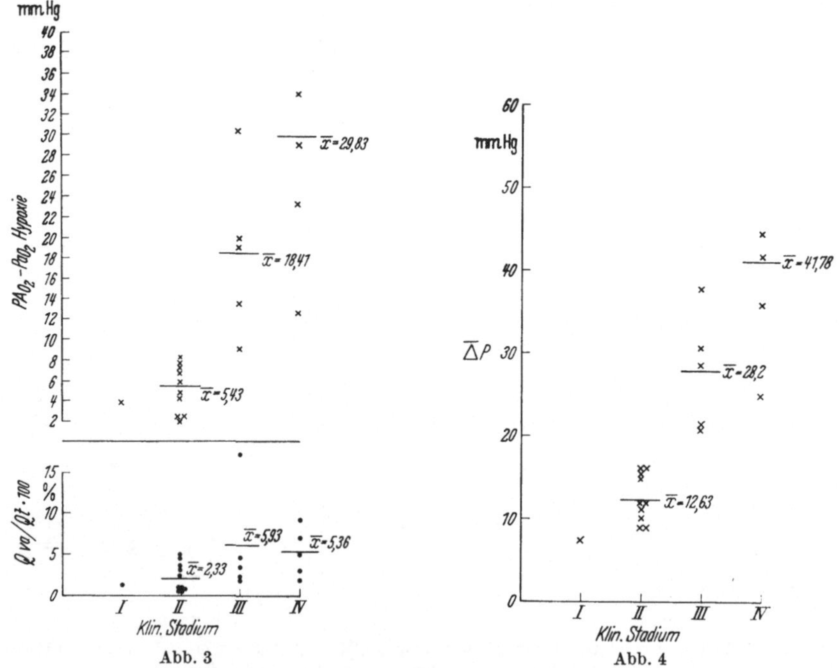

Abb. 3. Alveolar-arterielle Sauerstoffdruckdifferenz (AaD_{O_2}) während Hypoxieatmung und venöser Beimischung (Qva/Qtx 100) bei verschiedenen klinischen Graden (I, II, III, IV) der Mitralstenose

Abb. 4. Das Verhalten des mittleren alveolar-capillaren Sauerstoffdruckgradienten ($\overline{\Delta P}$) bei verschieden schweren Mitralstenosen

der Stenose zu, ohne daß eine entsprechende Vergrößerung der venösen Beimischung auftrat. In Abb. 3 haben wir die Ergebnisse für Hypoxieatmung aufgetragen, da im Bereich niedriger O_2-Sättigung die AaD_{O_2} von einer Shuntbeimengung bekanntlich kaum beeinflußt wird. Außerdem sind auch die unter Hyperoxiebedingungen gewonnenen Shuntgrößen eingezeichnet. Es ist zu erkennen, daß einer eindeutigen Zunahme der alveolär-arteriellen Sauerstoffdruckdifferenz keine bzw. in einzelnen Fällen nur eine geringe Steigerung des Rechts-Links-Shuntes gegenübersteht. (Abb. 3, Tab. 1, Spalte 10). Diese geringen Zunahmen der venösen Beimischung waren nur bei schweren Mitralstenosen und nur bei einem Teil derselben zu sehen. Unsere Befunde, nämlich daß keine sichere Beziehung zwischen der Erhöhung der AaD_{O_2} bzw. Erniedrigung der Diffusionskapazität einerseits und Veränderung der venösen Beimischung andererseits besteht, stimmen mit den Untersuchungen von FOWLER (*13*) sowie von FRIEDMANN (*17*) überein. Dagegen beschrieben CURTI u. Mitarb. (*13*) wie auch BLOUNT u. Mitarb. (*7*) ein gegensinniges Verhalten von Diffusionskapazität und Rechts-Links-Shunt, wobei letzter Werte bis zu 25% des Herzminutenvolumens erreichen konnte.

Die unter Hypoxiebedingungen bestimmte mittlere Sauerstoffdruckdifferenz zwischen Alveole und Lungencapillare ($\overline{\Delta p}$) stieg mit dem klinischen Grad der Stenose ebenfalls an, wodurch bei der Berechnung die Erniedrigung der DL_{O_2} ja in erster Linie zustande kommt. Der Mittelwert von $\overline{\Delta p}$ betrug für Stadium II 12,63 mm Hg, für Stadium III 28,2 mm Hg und für Stadium IV 41,78 mm Hg (Abb. 4, Tab. 1, Spalte 8).

Eine sichere Abhängigkeit der DL_{O_2} vom mittleren Druck in der Arteria pulmonalis bestand bei unseren Fällen nicht, wenngleich bei den Patienten mit niedriger DL_{O_2} die höchsten Mitteldrucke registriert wurden. Aber auch Patienten mit

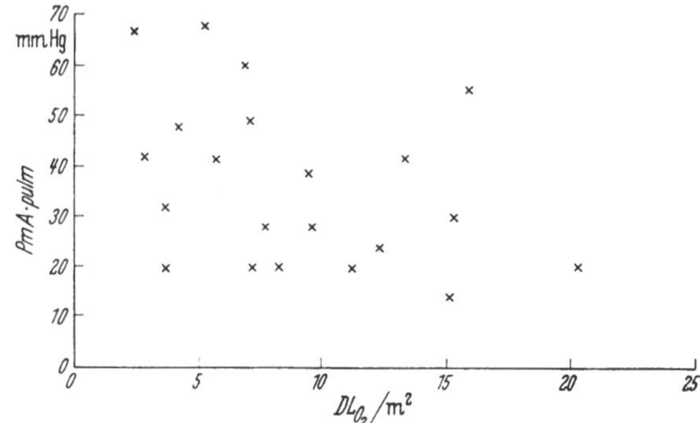

Abb. 5. Mitteldruck in der A. pulmonalis (Pm A. pulm.) und Diffusionskapazität der Lungen (DL_{O_2})

normaler Diffusionskapazität konnten einen deutlich erhöhten Pulmonalarteriendruck aufweisen, während umgekehrt eine verminderte DL_{O_2} mit einem kaum erhöhten Pulmonalisdruck zusammen vorkam (Abb. 5, Tab. 1, Spalte 11).

Wie wir, sahen auch AUCHINCLOSS u. Mitarb. (2) und FRIEDMAN (17) keine sichere Beziehung zwischen diesen beiden Größen. FOWLER u. Mitarb. (16) dagegen beobachteten die niedrigsten Werte für DL_{O_2} nur bei gleichzeitiger erheblicher Steigerung des Druckes in der Pulmonalarterie.

B. Postoperative Untersuchungen

Vergleichsuntersuchungen nach durchgeführter Commissurotomie ergaben bei den verschiedenen Untersuchern kein einheitliches Verhalten der DL_{O_2}. RODEWALD (45) fand bei seinen Patienten postoperativ im Mittel einen leichten Anstieg der DL_{O_2}, ANDRUS u. Mitarb. (1) sowie WILLIAMS (53) sahen bei einigen präoperativ erniedrigten Fällen ebenfalls eine postoperative Zunahme der Diffusionskapazität. Dagegen konnten CURTI u. Mitarb. (13) bei drei postoperativ nachuntersuchten Patienten keine Veränderung der sehr niedrigen Diffusionskapazität feststellen, obwohl die arterielle Sauerstoffspannung bei Luftatmung angestiegen war. Diesen Anstieg der arteriellen Sauerstoffspannung erklärten die Untersucher mit der postoperativen Verminderung eines präoperativ gesteigerten Rechts-Links-Shuntes. CURTI u. Mitarb. (13) sind der Ansicht, daß die Shuntabnahme in diesen Fällen eine Folge des postoperativen Druckabfalles in der Pulmonalarterie sei, während die unverändert bestehende Erniedrigung der DL_{O_2} einen Ausdruck irreversibler anatomischer Veränderungen in der Lunge darstellte.

Bei 4 der von uns nachuntersuchten 6 Patienten stieg die DL_{O_2} postoperativ deutlich an (Tab. 2). In einem Falle (L. E.) mit präoperativ stark verminderter DL_{O_2} war diese auch 8 Wochen nach der Commissurotomie noch unverändert niedrig, obwohl sich die Patientin subjektiv wesentlich besser fühlte und auch die klinischen Zeichen einer Rechtsinsuffizienz verschwunden waren. Die Beobachtung, daß trotz unveränderter postoperativer Verminderung der Diffusionskapazität eine klinische und subjektive Besserung eintritt, wurde auch von anderen Untersuchern beschrieben (*2, 15, 17, 18*). Einmal sahen wir einen Rückgang

Tabelle 2. *Mitralstenose: Diffusionskapazität der Lunge (DL_{O_2}), venöse Beimischung (Qva/ Qt × 100), $\overline{\Delta P}$ sowie alveolär-arterielle Sauerstoffdruckdifferenz ($P_{A_{O_2}} - P_{a_{O_2}}$) vor und nach Commissurotomie*

Name	DL_{O_2}/m² ml/mm Hg/min		$Qva/Qt \times 100$ %		$\overline{\Delta P}$ mm Hg		$P_{A_{O_2}} - P_{a_{O_2}}$ Hypoxie mm Hg		$P_{A_{O_2}} - P_{a_{O_2}}$ Luft mm Hg	
	präop.	postop.	präop.	postop.	präop.	postop.	präop.	postop.	präop.	postop.
R. A.	15,90	9,23	0,89	5,11	9,5	15,1	2,5	8,1	1,8	6,7
H. W.	12,36	17,94	3,16	1,77	12,3	9,5	5,7	4,4	15,4	2,3
St. H.	11,22	18,80	3,27	2,20	15,0	8,6	7,5	2,8	7,3	3,6
A. E.	7,12	13,88	4,59	4,00	27,6	13,9	19,2	8,2	26,4	15,1
P. U.	4,19	8,25	3,12	2,00	41,6	16,3	29,1	5,2	36,7	3,4
L. E.	2,84	2,99	7,02	3,40	44,5	37,8	34,0	36,7	42,3	17,8

der Diffusionskapazität von 15,9 auf 9,2 bei gleichzeitigem Anstieg des Rechts-Links-Shuntes. Bei dieser Patientin war postoperativ ein Empyem mit ausgedehnter linksseitiger Verschwartung aufgetreten, was sicher eine Einschränkung der Atemfläche sowie eine partielle Hypoventilation zur Folge hatte.

C. Wie kann man die beim Vorliegen einer Mitralstenose gefundene Erniedrigung der Diffusionskapazität der Lunge erklären?

Die Diffusionskapazität der Lunge ist, wie zahlreiche Untersuchungen zeigten, abhängig:

1. von der Größe der am Gasaustausch beteiligten Atemfläche,
2. vom Zustand der Alveolarcapillarmembran,
3. vom capillären Blutvolumen,
4. möglicherweise vom Herzzeitvolumen,
5. vom Gastransport aus dem Plasma in die Erythrocyten,
6. von der chemischen Reaktion zwischen Sauerstoff und Hämoglobin.

Die von uns und die von den meisten anderen Autoren angewandten Methoden ergeben keinen Aufschluß darüber, welche dieser Faktoren im Einzelfalle am Zustandekommen einer DL_{O_2}-Erniedrigung mehr oder weniger beteiligt ist. Dafür, daß bei der Mitralstenose mehrere Faktoren beteiligt sind, sprechen folgende Überlegungen:

Zur Reduktion der gasaustauschenden Oberfläche und des capillären Blutvolumens können bei der Mitralstenose verschiedene Prozesse führen. Parker und Weiss (*39*) führten Capillarzählungen durch und fanden diese beim Vorliegen einer Mitralstenose vermindert. Sie sahen außerdem im Bereich der Präcapillaren thrombotische Veränderungen auf dem Boden von Endothelproliferationen, Befunde, die später von SOULIÉ (*49*), von TOSETTI (*52*), von JOUVE (*22*) sowie von THOMAS u. Mitarb. (*51*) bestätigt wurden. O'NEILL u. Mitarb. (*38*) konnten diese Veränderungen allerdings nie generalisiert, sondern nur so lokalisiert nachweisen, daß ihnen ihrer Ansicht nach keine Einschränkung des Gasaustausches zugeschrieben werden kann.

Die Behinderung des Blutabflusses aus den Lungenvenen führt zu einer pulmonalen Hypertonie, die nach Untersuchungen von KÖNN (*23*) im Bereich der kleineren intrapulmonalen Arterien zu einer mehr oder weniger ausgeprägten narbigen Wandschädigung und zu lichtungseinengenden Intimawucherungen, mitunter mit thrombotischen Abscheidungen, führen. Von SHORT (*48*) sind außerdem kleine Lungenembolien beschrieben worden, die wie die obigen Prozesse zu einer Verminderung der durchbluteten Lungencapillaren und zu einer Reduzierung der Atemfläche beitragen.

ENGLERT und DENOLIN (*15*) führen zum Beweis, daß die Größe der Atemoberfläche oder das capillare Blutvolumen für die Größe der DL_{O_2} eine Rolle spielen, Versuche an, nach denen die DL_{O_2}, gemessen mit der Atemanhaltetechnik, bei ein und derselben Person je nach Inspirationstiefe verschieden groß war. Die gleichen Beobachtungen wurden schon von KROGH (*24*), später von OGILVIE (*37*) gemacht.

Daß es bei der fortgeschrittenen Mitralstenose entsprechend dem Schweregrad tatsächlich zu mehr oder minder großen Veränderungen der Ventilationsgrößen kommt, ist bekannt. Sie müßten nach dem eben Gesagten zu einer Einschränkung der Atemoberfläche und damit zu einer Verminderung der DL_{O_2} beitragen.

Mit zunehmender Schwere der Symptome besteht mehreren Untersuchern zufolge (*2, 11, 13, 17*) eine progrediente Verminderung der Totalkapazität, des Atemgrenzwertes und der Vitalkapazität bei gleichzeitiger Vermehrung des Residualvolumens, verursacht durch Elastizitätsverlust der Lunge, durch fibrotische Veränderungen des Interstititums, durch Rückstauung des Blutes in die Lunge und bei schweren Fällen durch das Auftreten von Pleuraergüssen (*11, 19, 31, 32, 34*).

Das Herzminutenvolumen kann bei der Mitralstenose bekanntlich sehr vermindert sein, was in erster Linie zu einer Hypoxie des Gewebes führt. Für den Gasaustausch erlangt die Verminderung des Herzzeitvolumens insofern Bedeutung, als von dessen Größe auch bei der Mitralstenose die Entfaltung noch verschlossener Lungencapillaren und damit wiederum das Capillarvolumen bzw. die Größe der Gasaustauschfläche mit abhängen soll (*2, 25*). Umgekehrt findet man bei Vorhofseptumdefekten, die mit einer Zunahme des die Lunge durchströmenden Blutvolumens einhergehen, eine Zunahme der Diffusionskapazität.

Bei der Mitralstenose bestehen neben einer Reduktion der am Gasaustausch beteiligten Membranoberfläche auch qualitative Veränderungen derselben. Mehrere Untersucher sahen fibröse Verdickungen der Basalmembran der Capillaren, eine cuboidförmige Verdickung der Alveolarzellen sowie ödematöse und fibrotische Veränderungen des Interstitiums (*18, 20, 25*).

PARKER und WEISS (*34*) sahen bei schweren Mitralstenosen post mortem Verdickungen der Alveolarsepten von 3μ auf 30μ.

Es sind also mehrere Faktoren, die bei schweren Mitralstenosen für die Verminderung der Diffusionskapazität der Lungen verantwortlich sein können und deren Auswirkung auf die DL_{O_2} wir mit der von uns verwendeten Methode nur als Ganzes erfassen.

Der Umstand, daß zwischen klinischem Grad der Mitralstenose bzw. der noch vorhandenen Leistungsfähigkeit und der Diffusionskapazität empirisch eine Beziehung besteht, läßt natürlich nicht den Schluß zu, daß die erniedrigte DL_{O_2} die Hauptursache der verminderten Leistungsfähigkeit und der bestehenden Dyspnoe sei. Vielmehr führen die beschriebenen, im Gefolge einer schweren und länger andauernden Mitralstenose auftretenden Strukturveränderungen der Lunge sowohl zu einer zunehmenden Lungenstarre als auch zu einer Diffusionsstörung. Nach Ansicht verschiedener Autoren (*11, 19, 31, 32, 34*) ist der Elastizitätsverlust der Lunge, der für die gesteigerte Atemarbeit eine vermehrte Energie verlangt, eine, wenn nicht die wesentliche Ursache der bei Mitralstenosen auftretenden Dyspnoe.

Der auf Grund derselben Strukturveränderungen entstandenen Diffusionsstörung kommt dagegen für das Zustandekommen der klinischen Symptome, vor allem der Dyspnoe, wahrscheinlich eine untergeordnete Rolle zu.

AUCHINCLOSS (*2*) glaubt auf Grund seiner Beobachtung, daß 3 von 4 Mitralstenosepatienten postoperativ keinen Anstieg der präoperativ erniedrigten Diffusionskapazität der Lunge zeigten, eine verminderte Diffusionskapazität sei Ausdruck einer bleibenden Schädigung des Lungenparenchyms und eine stark verminderte DL_{O_2} stelle deshalb eine Operationskontraindikation dar. Dieser Ansicht widerspricht jedoch die Tatsache, daß es auch bei noch verminderter Diffusionskapazität nach der Operation zu einer klinischen Besserung kommt. Außerdem sahen wir, und wie bereits ausgeführt auch andere Untersucher, in einem Teil der Fälle postoperative Anstiege der Diffusionskapazität, was ja im Hinblick auf die zum Teil sicher reversiblen Faktoren, die für die Verminderung der DL_{O_2} verantwortlich sind, auch zu erwarten ist. Wir glauben daher nicht, daß in einer während Ruhebedingungen bestimmten, erniedrigten Diffusionskapazität eine Operationskontraindikation gesehen werden kann.

Abschließend sei noch die Frage angeschnitten, ob von der Bestimmung der Diffusionskapazität während Belastung evtl. ein besserer Hinweis auf die vorliegenden Strukturveränderungen zu erwarten wäre. Beim Gesunden tritt unter Belastung eine Zunahme der Diffusionskapazität ein, die CARROLL (*12*) mit einer Zunahme der Atemfläche infolge Eröffnung von in Ruhe verschlossener Capillargebiete erklärt. BURTON u. a. (*10, 35*) glauben auf Grund von Untersuchungen an Rattenohren, daß diese Ruhereduktion der Capillaren eine Folge des vom Gefäßtonus abhängigen kritischen Verschlußdruckes ist.

CARROLL u. Mitarb. (*12*) sahen auch bei manchen Mitralstenosen unter einer von den Patienten noch tolerierten Belastung einen Anstieg der DL_{O_2}, woraus sie schließen, daß auch bei diesen Fällen erst unter Belastung alle Capillargebiete eröffnet werden. Wenn dies stimmt, d. h. wenn unter Belastung ein Teil der funktionellen Faktoren, die zu einer Verminderung der Diffusionskapazität beitragen, reduziert werden können, so müßten die so gewonnenen Werte einen besseren Hinweis auf die vorliegenden irreversiblen morphologischen Lungenveränderungen und damit auch für eine Operationsindikation oder Kontraindikation ergeben als die Ruhewerte.

Literatur

1. ANDRUS, E. C., E. V. NEWMAN, R. L. RILEY, L. E. SHULMAN and H. T. BAHNSON: Trans. Ass. Amer. Phycns **65**, 268 (1952).
2. AUCHINCLOSS jr., H. W., R. GILBERT and R. H. EICH: Circulation **19**, 232 (1959).
3. BARCROFT, J.: Die Atmungsfunktion des Blutes I. Berlin 1925.
4. BARTELS, H.: Lungen und kleiner Kreislauf. Bad Oeynhausener Gespräche I, 28. Berlin-Göttingen-Heidelberg: Springer-Verlag 1957.
5. — Pflügers Arch. ges. Physiol. **254**, 107 (1951).
6. — R. BEER, E. FLEISCHER, H. J. HOFFHEINZ, J. KRALL, G. RODEWALD, J. WENNER und I. WITT: Pflügers Arch. ges. Physiol. **261**, 99 (1955).
7. BLOUNT jr., S. G., M. C. McCORD and L. L. ANDERSON: J. clin. Invest. **31**, 840 (1952).
8. BOJE, O.: Arbeitsphysiologie **7**, 157 (1934).
9. BURROWS, H., and P. HARPER jr.: J. appl. Physiol. **12**, 283 (1958).
10. BURTON, A. C.: Amer. J. Physiol. **164**, 319 (1951).
11. CARLIER, J.: Rev. méd. Liège **13**, 360 (1958).
12. CARROLL, D., J. E. COHN and R. L. RILEY: J. clin. Invest. **32**, 510 (1953).
13. CURTI, P. C., G. COHEN, B. CASTLEMAN, J. G. SCANNEL, A. L. FRIEDLICH and G. S. MYERS: Circulation 8, 893 (1953).
14. CURTIS, J. K., H. BAUER, S. LOOMANS and H. K. RASMUSSEN: Amer. J. med. Sci. **236**, 57 (1958).
15. ENGLERT, M., et H. DENOLIN: Arch. Mal. Cœur **1959**, 1215.
16. FOWLER, N. O., R. CUBBERLY and E. DORNEY: Amer. Heart J. **48**, 1 (1954).
17. FRIEDMAN, B. L., JOSÉ DE J. MACIAS and P. N. YU: Amer. Rev. Tuberc. **79**, 265 (1959).
18. GOODALE jr., F., G. SANCHEZ, A. L. FRIEDLICH jr., J. G. SCANNELL and G. S. MYERS: New Engl. J. Med. **252**, 979 (1955).
19. HAYWARD, G. W., and J. M. S. KNOTT: Brit. Heart J. **17**, 303 (1955).
20. HENRY, E. W.: Brit. Heart J. **14**, 406 (1952).
21. HOUSTON, C. S., and R. L. RILEY: Amer. J. Physiol. **149**, 565 (1947).
22. JOUVE, A., H. PAYAN, R. GÉRARD, J. L. MEDVEDOWSKY et R. DENJAMINE: Arch. Mal. Cœur **5**, 396 (1957).
23. KÖNN, G.: Dtsch. med. Wschr. **85**, 1488 (1960).
24. KROGH, M.: J. Physiol. (Lond.) **49**, 271 (1914/15).
25. LARRABEE, W. F., R. L. PARKER and J. E. EDWARDS: Proc. Mayo Clin. **24**, 316 (1952).
26. LEWIS, B. M., TAI-HON LIU, F. E. NOE and R. KOMISARUK: J. clin. Invest. **37**, 1061 (1958).
27. LILIENTHAL jr., J. L., R. L. RILEY, D. D. PROEMMEL and R. E. FRANKE: Amer. J. Physiol. **147**, 199 (1946).
28. MacINTOSH, D. J., J. C. SINNOT, J. G. MILNE and E. A. S. REID: An. intern. Med. **49**, 1294 (1958).
29. MARKS, A., D. W. CUGELL, J. B. CADIGAN and E. A. GAENSLER: Amer. J. Med. **22**, 51 (1957).
30. MARSHALL, R.: J. clin. Invest. **37**, 394 (1958).
31. — M. B. McELROY and R. V. CHRISTIE: Clin. Sci. **13**, 137 (1954).
32. — R. W. STONE and R. V. CHRISTIE: Clin. Sci. **13**, 625 (1954).
33. McNEILL, R. S., J. RANKIN and R. E. FORSTER: Clin. Sci. **17**, 465 (1958).
34. MEAD, J., N. R. FRANK u. a.: Proc. Amer. Fed. Clin. Res. May 1953.
35. NICHOLS, J., F. GIRLING, W. JERRARD, E. B. CLAXTON and A. C. BURTON: Amer. J. Physiol. **164**, 330 (1951).
36. *Nomenclature and criteria for diagnosis of the heart* ed. 4, New York Heart Association (1945).
37. OGILVIE, C. M., R. E. FORSTER, W. S. BLAKEMORE and J. W. MORTON: J. clin. Invest. **36**, 1 (1957).
38. O'NEILL, R. M., W. A. THOMAS, K. T. LEE and E. R. RABIN: Circulation **15**, 64 (1957).
39. PARKER, E., and S. WEISS: Amer. J. Pathol. **12**, 573 (1936).

40. Rankin, J., and Q. S. Calliès: Circulation 18, 768 (1958).
41. Riley, R. L., and A. Cournand: J. appl. Physiol. 1, 825 (1949).
42. — — J. appl. Physiol. 4, 102 (1951).
43. — — J. appl. Physiol. 4, 77 (1951).
44. — C. J. Johns, G. Cohen, J. E. Cohn, D. G. Carroll and R. H. Shepard: J. clin. Invest. 35, 1008 (1956).
45. Rodewald, G.: Lungen und kleiner Kreislauf. Bad Oeynhausener Gespräche I, 154. Berlin-Göttingen-Heidelberg: Springer-Verlag 1957.
46. Roughton, F. J. W., and R. E. Forster: J. appl. Physiol. 11, 290 (1957).
47. Saxton jr., G. A., M. Rabinowitz, L. Dexter and F. Haynes: J. clin. Invest. 35, 611 (1956).
48. Short, D. S.: Brit. med. J. 1952, 790.
49. Soulié, P., J. Baillet, J. Carlotti, P. Chiche, R. Picard, M. Servelle et G. Voci: Arch. Mal. Cœur 5, 393 (1953).
50. Thews, G.: Pflügers Arch. ges. Physiol. 268, 281 (1959).
51. Thomas, W. A., K. T. Lee, E. R. Robin and R. A. O'Neal: Arch. Path. 62, 257 (1956).
52. Tosetti, R.: Arch. Mal. Cœur 4, 346 (1955).
53. Williams, M. H.: J. clin. Invest. 32, 1094 (1953).

Diffusionsstörungen bei Pulmonalarterien-Blockade

Von

Georg Rodewald

Mit 1 Abbildung

Während heute mit Hilfe klinisch brauchbarer Methoden die Prüfung des Lungenfunktionszustandes recht genau und die Analyse bestehender Störungen weitgehend möglich ist, ist man zur Beurteilung des Einflusses von Operationsfolgen auf die Lungenfunktion im allgemeinen auf Überschlagsrechnungen und Empirie angewiesen. Wenn auch mit der Zahl der Eingriffe die Erfahrung auf Grund des Vergleichs prä- und postoperativer Funktionszustände wächst, bleibt doch die Beurteilung im Einzelfall häufig genug spekulativer Natur.

Es ist daher oft erwünscht, präoperativ festzustellen, in welchem Ausmaß jeder einzelne Lungenflügel an einer allgemeinen Funktionsstörung beteiligt ist. Mit Hilfe der Bronchospirometrie (Jacobaeus et al., Björkman) sind Ventilationsgrößen, Gaswechsel und effektive Durchblutung jeder Lungenseite meßbar. Ferner kann so geprüft werden, ob ein Lungenflügel allein in der Lage ist, den Gasaustausch aufrecht zu erhalten. Die Pulmonalarterien-Blockung, also der temporäre Verschluß eines Hauptastes der Pulmonalarterie mit Hilfe einer Ballonsonde, von Hanson vorgeschlagen und von Carlens, Hanson und Nordenström 1951 durchgeführt, gestattet bezüglich des Lungenkreislaufes in idealer Weise die postoperativen Verhältnisse vorwegzunehmen und erlaubt gleichzeitig, die Ventilationsfähigkeit der durchbluteten Restlunge mit gewissen Einschränkungen zu prüfen.

Tabelle 1.

Bei 500 untersuchten Patienten waren

Ventilation: normal		gestört		erhebl. Diff. Störungen $(DF_{O_2} < 5,0/m^2$ KOF)	
Gasaustausch:		Gasaustausch:		Ventilation	
normal	gestört	normal	gestört	normal	gestört
200	93	50	103	37	17
40%	18,5%	10%	20,5%	7,5%	3,4%

Tab. 1 zeigt die Häufigkeit von Ventilations- und Gasaustauschstörungen bei 500 präoperativ untersuchten Kranken. Hier sollen nur Störungen interessieren, bei denen die arterielle Hypoxämie ausschließlich oder fast ausschließlich Folge einer erheblichen Diffusionsstörung ist. In unserem Material sind dies etwa 11% gegenüber rund 50%, die Ventilations- oder Gasaustauschstörungen geringeren Ausmaßes bzw. Kombination beider Störungen aufweisen und 40%, die keine

Funktionsstörungen hatten. Die Diffusionsstörung tritt also an *relativer* Bedeutung gegenüber den anderen Störungen in den Hintergrund. Im *Einzelfall* ist sie aber präoperativ von besonderem Interesse, da gerade hier sehr schwer abzuschätzen ist, welche Rolle eine Lungenresektion bei Vorliegen einer Diffusionsstörung für den postoperativen Verlauf spielen wird.

Aus einer Gruppe von 90 Kranken, an denen präoperativ eine PAB vorgenommen wurde, sind 26 Patienten nach folgenden Gesichtspunkten ausgewählt worden:

1. Vorliegen von beidseitigen Lungenveränderungen entweder im Sinne eines obstruktiven Emphysems oder cirrhotisch-tuberkulöser Prozesse bzw. der Kombination beider Veränderungen.

2. Keine ausgedehnten einseitigen Prozesse wie einseitige Schwarten, Stenosen an den größeren Bronchen, Lappenatelektasen usw.

3. Auftreten einer mehr oder minder ausgeprägten arteriellen Hypoxämie während der Blockung.

Über die *Diffusionsverhältnisse* vor und während Pulmonalarterien-Blockung bei dieser Untersuchungsgruppe soll hier berichtet werden. Es darf vorausgeschickt werden, daß wir uns der Problematik einer summarischen Betrachtung von Lungenfunktionsstörungen bewußt sind. Im allgemeinen setzen wir daher auch immer nur den Einzelfall zu Normalwerten in Beziehung. Wenn hier von diesem Grundsatz abgegangen wird, so hat das seine Berechtigung nur darin, daß ein Kollektiv zu Grunde liegt, das nach dem Gesichtspunkt annähernd gleichartiger Störungen vor der Blockung und gleichsinnigen Verhaltens unter der Blockung zusammengestellt wurde. Dies ließ sich auch überwiegend statistisch sichern. Wenn sich Auftreten oder Zunahme einer Diffusionsstörung während der Blockung auch an den zugrunde liegenden Einzelfällen demonstrieren ließe, kommt es uns hier mehr darauf an, das gleichsinnige Verhalten einer ganzen Gruppe zu demonstrieren und damit Unterlagen für die anschließende Diskussion über die möglichen prinzipiellen Ursachen von Diffusionsstörungen nach Lungenresektion zu liefern.

Der Untersuchungsgang war kurz folgender: Beim wachen Kranken wurde der Blockerkatheter vom linken Arm aus in den gewünschten Hauptast der Pulmonalarterie eingeführt, ein zweiter Katheter für Druckmessung und Blutentnahmen vom rechten Arm aus in den Stamm der a. pulmonalis vorgeschoben. Für arterielle Druckmessungen und Blutentnahmen wurde eine Kanüle in die a. radialis eingebunden. Nach Atmung von Zimmerluft sowie sauerstoffreichem Gasgemisch (60 bzw. 98% O_2 in N_2) für je 20 bis 30 min. wurden vor und während PAB das Atemzeitvolumen gemessen, Expirationsluft gesammelt, arterielles und venöses Blut tunlichst gleichzeitig entnommen sowie Blutdruckmessungen durchgeführt. Mit LOCHNERs Teststoffinjektionsmethode (LOCHNER und DALRI) wurde bei 8 Kranken 34mal das Herzzeitvolumen durch Mitarbeit von Herrn LOCHNER bestimmt. Mit Hilfe dieser Methode wurde die zentrale Blutmenge in 8 Fällen errechnet. Messungen, Analysen und Ergebnisse sind an anderer Stelle ausführlich beschrieben worden (LOCHNER et al., RODEWALD).

Tab. 2 zeigt einige gemessene bzw. berechnete Größen für Ventilation, Kreislauf und Gasaustausch vor und während Blockung unter Luftatmung. Man sieht, daß bei unverändert bleibendem RQ die alveolare Ventilation während der Blockung ansteigt, demzufolge der arterielle Kohlensäuredruck etwas absinkt und der alveolare Sauerstoffdruck zunimmt. O_2-Aufnahme und Herzzeitvolumen bleiben annähernd gleich. Im ganzen weichen die Mittelwerte nicht wesentlich von den Sollwerten ab. Es ergeben sich also annähernd konstante Verhältnisse für die genannten Größen vor und während Blockung.

Tabelle 2. *Ventilations-, Kreislauf-, Gasaustauschwerte vor und während Pulm. Art. Blockung (re. s. li.)*

$n = 26$	R	$\dfrac{\dot{V}_{Vent\,A}}{100\ \text{ml}\ \dot{V}_{O_2}}$	$p_{CO_2}a$	$p_{O_2}A$	$\dfrac{\dot{V}_{O_2}}{\text{m}^2\ \text{KOF}}$	$\dfrac{\dot{V}_{b\,tot}}{\text{m}^2\ \text{KOF}}$
Soll	0,85	1,84	40	100	130	2,9
Ist $\bar{x}$ offen . .	0,83	1,66	44	98	132	3,47
$s_{\bar{x}} \pm$ . . .	0,07	0,06	0,8	1,7	3,6	0,19
$\bar{x}$ geblockt .	0,84	1,99	37	106	146	3,54
$s_{\bar{x}} \pm$ . . .	0,07	0,12	1,5	2,1	6,0	0,17

Tab. 3 zeigt das Verhalten venöser Beimischung vor und während Blockung. Man sieht, daß die Mittelwerte praktisch unverändert bleiben.

Die Bestimmung der Diffusionskapazität DF_{O_2} erfolgt nach Gleichung (1):

$$DF_{O_2} = \frac{\dot{V}_{O_2}}{\varDelta \bar{p}} \quad \frac{\text{cm}^3}{\text{min} \cdot \text{mm Hg}} \qquad (1)$$

$$\varDelta \bar{p} = p_{O_2 A} - p_{O_2 \bar{A}}$$

$\varDelta \bar{p}$ wurde mit Hilfe des Nomogramms von THEWS berechnet. Dafür muß der Sauerstoffdruck am Ende der Lungencapillaren — $p_{O_2 c'}$ — bekannt sein. $p_{O_2 c'}$ wird berechnet nach Gleichung (2):

$$p_{O_2 c'} \sim C_{O_2 c'\,\text{tot}} = \frac{\dot{V}_{va}}{\dot{V}_{pulm}} \cdot (AVD_{O_2}) + Ca_{O_2\,\text{tot}} \qquad (2)$$

Tabelle 3. *Venöse Beimischung $\dot{V}_{\bar{v}a}$ in % des HZV $\dot{V}_{b\,tot}$ vor und während Pulm. Art. Blockung*

$n = 26$	$\dfrac{\dot{V}_{\bar{v}a}}{V_{b\,tot}} \times 100$
Soll	$< 5\%$
Ist: re. s. li. pulm. :	
$\bar{x}$ offen . . .	8,1%
$s_{\bar{x}} \pm$	1,2%
$\bar{x}$ geblockt . .	9,3%
$s_{\bar{x}} \pm$	1,2%

Bei Konstanz von O_2-Aufnahme, alveolarem O_2-Druck, venöser Beimischung und AVD_{O_2} können Änderungen von DF_{O_2} nur durch Änderung von $p_{O_2 c'}$ verursacht sein.

Innerhalb gewisser Grenzen ist der Einfluß von Störungen des Belüftungs-Durchblutungsverhältnisses und von Diffusionsstörungen auf den O_2-Druck am Ende aller Lungencapillaren nicht voneinander zu differenzieren. Wenn man jede Erniedrigung von $p_{O_2 c'}$ als Folge von Diffusionsstörungen ansieht, dann findet man unter unseren Kranken häufiger Erniedrigungen der Diffusionskapazität, als wenn man einen bestimmten Anteil des Gradienten $p_{O_2 A} - p_{O_2 c'}$ als Folge von Verteilungsstörungen betrachtet.

Tab. 4 gibt dies vereinfacht wieder. Man sieht, daß bei freier Durchblutung 20 von 26 Kranken eine „Diffusionsstörung" haben, wenn die Verteilungsstörung nicht berücksichtigt wird, hingegen nur 13, wenn der Einfluß der Verteilungsstörung in Rechnung gestellt wird. Die Rolle der Verteilungsstörung kann also — wenigstens für diese statistische Betrachtung — nicht außeracht gelassen werden.

Unter der Blockung dagegen weisen ohne Berücksichtigung der Verteilungsstörung 25, mit Berücksichtigung immer noch 22 Patienten eine Diffusionsstörung auf.

Tabelle 4. *Einfluß der „Verteilungsstörung" auf DF_{O_2}-Bestimmung vor und während Pulm. Art. Blockung*

	$n = 26$			
	offen		geblockt	
DF_{O_2}	ohne	mit	ohne	mit
	„Verteilungsstörung"[1]		„Verteilungsstörung"[1]	
normal.	6	13	1	4
erniedrigt	20	13	25	22

[1] (als Folge der Verteilungsstörung für $p_{O_2}A - p_{O_2}C'$ 15 mm Hg angenommen).

Abb. 1 zeigt, daß während PAB nicht nur die Zahl der Diffusionsstörungen zugenommen hat, sondern auch der Grad vorhandener Diffusionsstörungen in der Mehrzahl der Fälle während Blockung ausgeprägter geworden ist. Welcher Grad

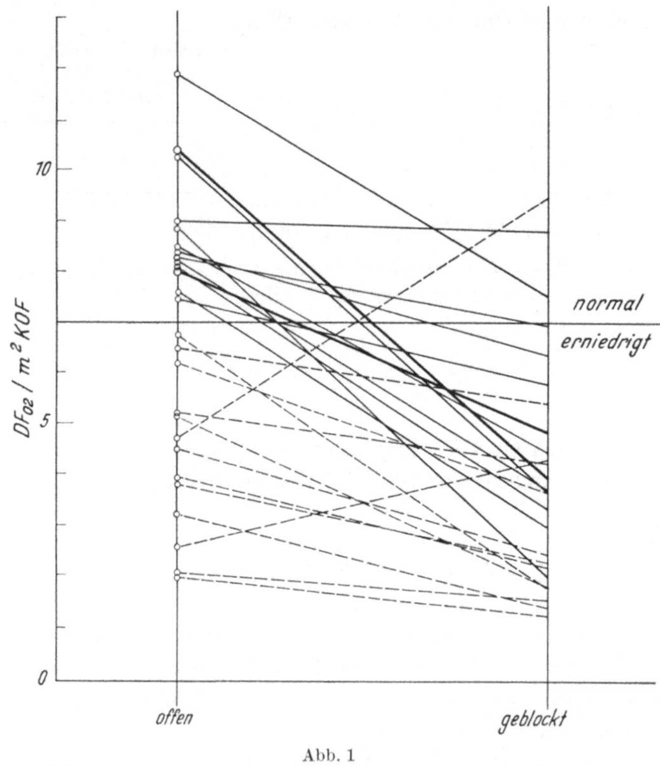

Abb. 1

arterieller Hypoxämie dabei im Einzelfall erreicht werden kann, zeigt Tab. 5. Es sind 6 Patienten aufgeführt, die den tiefsten O_2-Druckabfall während Blockung aufwiesen.

Zusammenfassend können wir also feststellen, daß bei einer Gruppe von 26 Kranken während Blockung 22 mal Diffusionsstörungen auftreten bzw. vorhandene Diffusionsstörungen zugenommen haben.

Bei der Besprechung der Diffusionsverhältnisse vor und während der PAB muß berücksichtigt werden, daß der während Occlusion bestimmte Diffusionsfaktor nur für den durchbluteten Lungenflügel gilt. Man müßte ihn daher mit dem Diffusionsfaktor dieses Lungenabschnittes vor der Blockung vergleichen können. Dieser ist jedoch nicht gemessen worden. Unter den für die hier untersuchten Kranken geltenden Voraussetzungen darf in Annäherung aber angenommen werden, daß jeder Lungenflügel vor der Blockung etwa die Hälfte der gemessenen O_2-Aufnahme übernimmt, ferner, daß die mittlere Druckdifferenz $\Delta\bar{p}$ für beide Lungenflügel gleich groß ist. Danach würde der Diffusionsfaktor jedes Lungenflügels der Hälfte des gemessenen Gesamt-

Tabelle 5. *Arterieller Sauerstoffdruck ($p_{O_2}a$) vor und während Pulm. Art. Blockung bei 6 Pat.*

	$p_{O_2}a$ (mm Hg)	
	offen	geblockt
Me.	64	41
De.	68	45
Goe.	58	30
Ja.	41	25
Mü.	63	43
Re.	80	42

wertes entsprechen. Wenn die O_2-Aufnahme nach Blockung konstant bleibt, dann verdoppelt sie sich für die durchblutete Lunge. Wenn $\Delta\bar{p}$ auch unverändert bliebe, müßte der Diffusionsfaktor der durchbluteten Lunge auf das Doppelte ansteigen. Die durchblutete Lunge würde also vollkommen die Funktion beider Lungenflügel übernehmen, der gesamte Diffusionsfaktor bliebe unverändert. Dies ist wohl bei Lungengesunden in Ruhe, nicht aber bei den hier untersuchten Kranken der Fall. Zwar bleibt die O_2-Aufnahme annähernd konstant, so daß sie für die durchblutete Lunge also auf das Doppelte zugenommen hat, doch kommt es in der Mehrzahl der Fälle zu einem teilweise beträchtlichen Anstieg von $\Delta\bar{p}$, der — wie oben ausgeführt wurde — im wesentlichen verursacht

Tabelle 6. *Zentrale Blutmenge Z und mittlere Durchflußzeit MDZ bei 8 Kranken vor und während Pulm. Art. Blockung. (Gemessen mit Teststoffinjektionsmethode nach* LOCHNER *zwischen A. pulm. und A. radialis.)*

$n = 8$	Z(l)	MDZ (sec)
offen $\bar{x}$	1.87	14,7
min max	1,06—2,67	13,5—17,8
geblockt $\bar{x}$	2,0	15,6
min max	1,08—2,7	13,8—18,0

ist durch den Abfall von $p_{O_2}c'$. Demnach sind jetzt die möglichen Ursachen für eine Abnahme von $p_{O_2}c'$ während der Blockung zu diskutieren. Als Ursachen kommen in Betracht:

1. Eine Vergrößerung der *Diffusionsschichtdicke*.
2. Eine Verkürzung der *Kontaktzeit*.
3. Kombination von 1. und 2.

Da es bisher methodisch nicht möglich ist, diese Ursachen zu differenzieren, hat der Vorschlag, eigentliche Diffusionsstörungen von Kontaktzeitstörungen zu trennen (BOLT), bisher nur theoretische Bedeutung. Man kann $p_{O_2}c'$ im Einzelfall mit dem Normalwert vergleichen, seine Abnahme kann Folge beider Ursachen sein.

Tab. 6 zeigt, daß die zentrale Blutmenge ebenso wie die mittlere Durchflußzeit vor und während Blockung praktisch unverändert bleiben. Das Blutvolumen der durchbluteten Lunge nimmt also auf das Doppelte zu. Der Gesamtwiderstand der Lungenstrombahn steigt während Blockung von 170 auf 230 dyn an.

Wenn man berücksichtigt, daß das Capillarvolumen der Lunge 60—100 ml und die Kontaktzeit 0,7—1,0 sec betragen sollen, dann ist verständlich, daß aus solchen Summenwerten kaum Schlüsse auf Veränderungen am Ort des Gasaustausches gezogen werden können.

Es bleibt nun allerdings die Möglichkeit, die vor und während Blockung gefundenen Werte für $p_{O_2 c'}$ miteinander zu vergleichen, um mit Hilfe von Näherungsverfahren zu ermitteln, ob für die eingetretenen Änderungen der Diffusionsstrecke oder der Kontaktzeit besondere ursächliche Bedeutung zukommt. Das Herzzeitvolumen bleibt vor und während Blockung im Mittel gleich, nimmt also für die durchblutete Lunge auf das Doppelte zu. Wenn auch das Volumen der vorher durchbluteten Capillaren auf das Doppelte ansteigt, bleiben Capillarstromstärke und damit Kontaktzeit gleich, während die Diffusionsschichtdicke zunimmt. Bleibt dagegen bei gleicher Stromstärke das Volumen der vorher durchbluteten Capillaren unverändert, dann bleibt die Diffusionsschichtdicke unverändert, während die Kontaktzeit auf die Hälfte abnimmt. Herr THEWS hat freundlicherweise berechnet, wie sich die Abnahme der Kontaktzeit auf die Hälfte und die Zunahme des Capillarvolumens auf das Doppelte theoretisch auf $p_{O_2 c'}$ auswirken müssen. In Tab. 7 sind diese errechneten Werte zu den gemessenen Werten für $p_{O_2 c'}$ in Beziehung gesetzt. Als Kollektiv ist eine Gruppe von 9 Patienten zugrunde gelegt, die ein annähernd gleichartiges Verhalten von $p_{O_2 c'}$ unter Blockung aufwiesen. Man muß daher der Kontaktzeitabnahme unter der Blockung für den Abfall von $p_{O_2 c'}$ wohl mehr Bedeutung zumessen, als der Capillarvolumen- und der Schichtdickenzunahme.

Der klinischen Tatsachen des Auftretens von z. T. schweren Diffusionsstörungen nach Lungenresektion, wie wir sie experimentell durch Blockung vorwegnehmen können, steht also die Schwierigkeit gegenüber, die eigentlichen Ursachen dafür aufzufinden. Für den klinischen Zweck genügt es uns, den Grad des O_2-Druckabfalles am Ende der Lungencapillaren und im arteriellen Blut unter der Blockung zu bestimmen. Arterielle Sauerstoffdrucke von weniger als 60 mm Hg bedeuten für uns eine zumindest relative Kontraindikation gegen eine Resektion.

Tabelle 7. *Gemessene Werte für alveolaren ($p_{O_2} A$) und Gegenüberstellung gemessener und berechneter Werte für „lungenendcapillaren" Sauerstoffdruck ($p_{O_2} C'$) bei 9 Pat. vor und während Pulm. Art. Blockung* [berechnet von THEWS (Einzelheiten s. Text)]

| | $p_{O_2} A$ | $p_{O_2} c'$ | $p_{O_2 c'}$ berechnet für | |
			Abnahme Kontaktzeit auf die Hälfte	Zunahme Capill. Volumen auf das Doppelte
offen	95	77	—	—
geblockt	107	55	59	80

Literatur

1. BJÖRKMAN, S.: Acta med. scand. Suppl. **56** (1934).
2. BOLT, W.: Verh. dtsch. Ges. Kreisl.-Forsch. **21**, 196 (1955).
3. CARLENS, E., H. E. HANSON and B. NORDENSTRÖM: J. thorac. Surg. **22**, 527 (1951).
4. HANSON, H. E.: Acta chir. scand. Suppl. 187 (1954).
5. JACOBAEUS, H. C. P. FRENCKER and S. BJÖRKMAN: Acta med. scand. **79**, 174 (1932).
6. LOCHNER, W., u. H. DAL RI: Pflügers Arch. ges. Physiol. **264**, 543 (1957).
7. — G., RODEWALD, H. J. HOFFHEINZ, H. HARMS u. DONAT: Klin. Wschr. **36**, 902 (1958).
8. RODEWALD, G.: Habil. Schrift. Hamburg 1958.
9. THEWS, G.: Pflügers Arch. ges. Physiol. **265**, 154 (1957).

Aus der I. Medizinischen Klinik der Medizinischen Akademie Düsseldorf
(Direktor: Prof. Dr. F. GROSSE-BROCKHOFF)

Veno-venöse Kurzschlußdurchblutung in der Lunge*

Von

R. MÜRTZ

Mit 3 Abbildungen

Als veno-venöse Kurzschlußdurchblutung in der Lunge bezeichnen wir die Durchblutung veno-venöser Verbindungen zwischen Bronchialvenen und Lungenvenen. Vom Blut her gesehen, handelt es sich bei dieser Darstellung ebenfalls um eine veno-arteriell gerichtete Strömung, wie sie aus der Durchblutung arteriovenöser Verbindungen der Lungengefäße bekannt ist. Auf Grund der Verbindungen zwischen Bronchialvenen und Lungenvenen (*12, 19, 29, 40, 44, 45, 46*) müssen bei auftretender Druckdifferenz zwischen rechtem und linkem Vorhof solche Strömungsänderungen vorkommen. Diese Annahme wurde durch die Beobachtung einer meist deutlichen Hypoxämie bei isolierten Tricuspidalfehlern, bei denen eine solche Druckdifferenz vorlag, gestützt (*13, 28*). Bei Mitralfehlern ist eine Rückstauung aus den Lungenvenen in die Bronchialvenen seit langem bekannt (*17*) und experimentell durch Lungenvenenligatur bestätigt (*25*). Bei Tricuspidalfehlern stehen dieselben Verbindungswege mit umgekehrtem Druckgefälle zur Verfügung. Ihre Durchströmung von rechts nach links, d. h. von den Bronchialvenen in die Lungenvenen, wird klinisch durch eine arterielle Hypoxämie angezeigt. Wie bekannt, kann eine arterielle Cyanose auf verschiedenen Ursachen beruhen. Als Hauptfaktoren seien angeführt:

Die alveoläre Hypoventilation, die ventilatorische und zirkulatorische Verteilungsstörung, die Diffusionsstörung und der vasculäre Kurzschluß.

Ganz allgemein bezeichnen wir als Kurzschlußblut die Menge venösen Blutes, die ohne Kontakt mit der normalen Alveolarluft sich dem arterialisierten Blut zumischt. Bei Gesunden beträgt die venöse Beimischung in der Lunge, die überwiegend von in die Lungenvenen abfließendem Bronchialvenenblut herrührt (*21*), nach unseren Untersuchungen in Übereinstimmung mit vielen anderen Autoren 1—4% des Herzzeitvolumens (*4, 11, 14, 15, 35, 36*).

Als Ursache einer vermehrten venösen Beimischung in der Lunge kommen grundsätzlich in Frage:

a) die Durchblutung nicht- oder minderbelüfteter Lungengebiete,

b) die Durchblutung arterio-venöser Anastomosen der Lungengefäße,

* Mit Unterstützung der Deutschen Forschungsgemeinschaft.

c) die vermehrte Durchblutung veno-venöser Verbindungen zwischen Bronchialvenen und Lungenvenen.

Über die veno-venöse Kurzschlußdurchblutung zwischen Bronchialvenen und Lungenvenen soll näher berichtet werden, da unseres Erachtens diesem Shuntweg in der Lunge eine große Bedeutung zukommt.

Erläuterung der Abkürzungen

$\dfrac{V_{va}}{V_{aor}}$	Kurzschlußblutmenge in Prozent des Herzzeitvolumens
AaD	Alveolar-arterielle Sauerstoffdruckdifferenz mm Hg
AVD	Arterio-venöse Sauerstoffdifferenz Vol.-%
0.0031	Löslichkeitskoeffizient für Sauerstoff im Blut bei 37° C (ml O_2/100 ml Blut/mm Hg)
SO_2c'	Sauerstoffsättigung am Ende der Lungencapillaren %
SO_2a	Arterielle Sauerstoffsättigung %
pO_2A	Alveolare Sauerstoffspannung mm Hg
$pO_2\bar{c}$	Mittlere Sauerstoffspannung in den Lungencapillaren mm Hg
pCO_2A	Alveolare Kohlensäurespannung mm Hg
pCO_2a	Arterielle Kohlensäurespannung mm Hg
pCO_2c'	Kohlensäurespannung am Ende der Lungencapillaren mm Hg
$pCO_2\bar{v}$	Kohlensäurespannung im gemischt-venösen Blut mm Hg
Sr	Relativer Shunt, das ist die auf das effektive Lungenstromvolumen bezogene Kurzschlußblutmenge (ml venöse Beimischung/ml effektives Lungenstromvolumen)

Methodik

Die Kurzschlußblutmenge bestimmten wir mit dem Hyperoxie-Verfahren (5, 6, 7). Die venöse Beimischung errechnet sich, falls die arterielle Sauerstoffspannung unter Hyperoxie größer als 140 mm Hg ist, nach der Gleichung:

$$\frac{V_{va}}{V_{aor}} = \frac{AaD \cdot 0.31}{AVD + AaD \cdot 0.0031} \tag{I}$$

Die Gleichung hat den Vorteil, daß die Berechnung des endcapillären Sauerstoffgehaltes ($C_{O_2}c'$) entfällt.

Zur Berechnung des Shunt ist die Bestimmung des alveolaren und arteriellen Sauerstoffdruckes sowie der arterio-venösen Sauerstoffdifferenz unter Hyperoxie erforderlich.

Die arterielle Sauerstoffspannung wurde mit dem Hämoxytensiometer (3) bestimmt. Für die Eichgemische wählten wir eine Kohlensäurespannung von 35—40 mm Hg, da nach unseren Erfahrungen Eichpunkte mit stärker variierendem Kohlensäuregehalt auffällig differieren. Die alveolare Sauerstoffspannung berechneten wir mit Hilfe der Kohlensäurespannung und des respiratorischen Quotienten. Die p_H-Bestimmung erfolgte mit dem p_H-Meter 22 (1, 2). Die Kohlensäurespannung wurde mit Hilfe von p_H-CO_2-Spannungskurven ermittelt (6, 43). Die spirometrischen Untersuchungen wurden am Pulmotest, der mit dem Diaferometer kombiniert ist, durchgeführt. Diese Kombination hat sich bei uns seit Jahren bewährt, da wir durch Modifizierung der Apparatur bei jeder Untersuchung den respiratorischen Quotienten mitbestimmen.

Ergebnisse

Im folgenden soll über eine veno-venöse Kurzschlußdurchblutung zwischen Bronchialvenen und Lungenvenen von 17% des Herzzeitvolumens berichtet werden, die alleinige Ursache einer arteriellen Sauerstoffuntersättigung bei einem 37 jährigen Patienten mit dekompensierter Tricuspidalinsuffizienz war. Dieser Shunt konnte später an Hand des postmortalen Angiogrammes (40) bestätigt werden.

a) Klinischer Befund

Der 37jährige Patient kam im Herbst 1957 zur Aufnahme. Neben einer Cyanose der Wangen und Acren fand sich über dem beiderseits verbreiterten Herzen ein systolisches Geräusch im 4./5. ICR mesosternal, das im Inspirium deutlicher ausgeprägt war. Elektrokardiographisch bestand ein Rechtsschenkelblock. Auffällige Zeichen einer Rechtsdekompensation fehlten.

b) Funktionsstudien

Das arterielle Sauerstoffdefizit betrug 8% und die arterio-venöse Sauerstoffdifferenz 7 Vol.-%. Ein intrakardialer Defekt war nicht nachweisbar. Die Drucke im rechten Ventrikel und in der Arteria pulmonalis waren normal; der Vorhofdruck war leicht erhöht und ließ im Kurvenablauf eine Regurgitationswelle erkennen. Die oxymetrische Sättigungsbestimmung vor und nach Sauerstoffatmung ergab einen Anstieg der arteriellen Sauerstoffsättigung von 8% bei einer Sauerstoffkapazität von 23,7 Vol.-%.

Die Überprüfung der ventilatorischen Lungenfunktion (s. Tab. 1) zeigte bis auf eine erhöhte Ventilation und geringe Reduktion der Atemreserven keine auffällige Abweichung von den Sollwerten. Insbesondere lagen das Residualvolumen und das Durchmischungsvolumen im Bereich der Norm.

Bei der Wiederaufnahme im folgenden Jahr wegen Rechtsdekompensation führten wir einen Hyperoxietest durch, dessen Daten in Tab. 2 wiedergegeben sind. Wir fanden bei Luftatmung eine alveolar-arterielle Sauerstoffdruckdifferenz (AaD) von 45 mm Hg, die sich unter Hyperoxie auf 467 mm Hg vergrößerte. Unter Zugrundelegung der vorher bestimmten arterio-venösen Sauerstoffdifferenz berechnete sich ein Shunt von 17% des Herzzeitvolumens, dem eine Kurzschlußblutmenge von etwa $^1/_2$ l/min entspricht.

Tab. 1. *Ventilatorische Funktion.* Pat. D. N , Tricuspidalinsuffizienz. D. M. Vol. = Durchmischungsvolumen, d. i. das während der Mischzeit ventilierte Volumen in Ltr

D. N., 37 Jahre	Soll	Ist
O_2-Aufnahme (cm³/min)	220	250
Resp. Quotient	0,85	0,9
Spez. Ventilation . . .	28 $\pm$ 5	50
Atemzeitvolumen (l) . .	7,0	12,4
Atemstoßtest (%)	70—80	65
Atemgrenzwert (l) . . .	118	80
Totalkapazität (cm³) . .	5300	5000
Vitalkapazität (cm³)	3950	3800
Residualvolumen (cm³) .	1350	1200
Residualvolumen (%) .	25	24
Mischzeit (min)	2—3	2
DMVol. (l)	18—27	24

Tabelle 2. *Gasaustausch unter Luftatmung und unter Beatmung mit 98% Sauerstoff.* Pat. D. N., dekompensierte Tricuspidalinsuffizienz; AaD = Alveolar-arterielle Sauerstoffdruckdifferenz in mm Hg; AVD = Arterio-venöse Sauerstoffdifferenz in Vol.-%; V_{va}/V_{aor} = Kurzschlußblutmenge in % des Herzzeitvolumens; DF_{O_2} = Diffusionsfaktor; $p_{CO_2}alv$ ist nach der im Text angegebenen Gleichung (III) berechnet

D. N., 37 Jahre		Luftatmung	Hyperoxie
p_H art.	mm Hg	7,42	7,41
p_{CO_2} art.	mm Hg	34	35
p_{CO_2} Alv.	mm Hg	32,5	
p_{O_2} Insp.	mm Hg	151	710
p_{O_2} Alv.	mm Hg	115	677
p_{O_2} art.	mm Hg	70	210
AaD	mm Hg	45	467
AVD	Vol.-%	7	
$\dfrac{V_{va}}{V_{aor}}$	%		17
DF_{O_2} cm³/min/mm Hg/m²		8,5	

Da die endcapilläre Sauerstoffspannung ($p_{O_2 c'}$) berechnet aus der Gleichung:

$$S_{O_2 c'} = S_{O_2 a} + \frac{AaD \cdot 0.31}{O_2 \text{Kapazität}} \qquad (II)$$

dem alveolaren Sauerstoffdruck entsprach, ergab sich unter Luftatmung bei einem mittleren Sauerstoffdruckgefälle zwischen Alveolen und Lungencapillaren ($p_{O_2 A} - p_{O_2 \bar{c}}$) von 17 mm Hg ein im Normbereich liegender Diffusionsfaktor (DF_{O_2}) von 8,5 cm³/min/mm Hg, bezogen auf die Körperoberfläche.

Die Ermittlung der alveolaren Sauerstoffspannung ($p_{O_2 A}$) setzt die Kenntnis der Kohlensäurespannung voraus. In den Alveolarluftformeln (*16, 31, 37*) wird hier meist die arterielle Kohlensäurespannung ($p_{CO_2 a}$) eingesetzt. Beim Vorliegen eines Rechts-links-Shunts ist dies nicht mehr statthaft, da dann ein alveolar-arterieller Kohlensäuredruckgradient besteht. Deshalb ist für die Berechnung der alveolaren Sauerstoffspannung, falls die alveolare Kohlensäurespannung nicht direkt gemessen werden kann, eine Korrektur der arteriellen Kohlensäurespannung erforderlich. Diese ist abhängig von der Shuntgröße und der venösen Kohlensäurespannung ($p_{CO_2 \bar{v}}$).

c) Berechnung der alveolaren Kohlensäurespannung bei shuntbedingter Hypoxämie

Sie kann vorgenommen werden nach der Gleichung:

$$p_{CO_2 A} = p_{CO_2 a} \cdot (1 + Sr) - Sr \cdot p_{CO_2 \bar{v}} \qquad (III)$$

entsprechend der Beziehung (*34*)

$$p_{CO_2 a} = \frac{p_{CO_2 A} + Sr \cdot p_{CO_2 \bar{v}}}{1 + Sr}$$

Sr = relativer Shunt, das ist die auf das effektive Lungenstromvolumen bezogene Kurzschlußblutmenge (*32*).

Dieser relative Shunt (Sr) kann aus der prozentualen Shuntgröße (V_{va}/V_{aor}) errechnet werden nach der Gleichung:

$$Sr = \frac{V_{va}/V_{aor}}{100 - V_{va}/V_{aor}} \qquad (IV)$$

Denn es ist definitionsgemäß:

$$Sr = \frac{Cc - Ca}{Ca - C\bar{v}} \quad \text{und} \quad \frac{V_{va}}{V_{aor}} = \frac{Cc - Ca}{Cc - C\bar{v}} \cdot 100$$

Definieren wir $Cc - Ca$ als x und $Ca - C\bar{v}$ als y sowie V_{va}/V_{aor} als z, dann ist:

$$y = \frac{x}{Sr} \quad \text{und} \quad y = \frac{x \cdot 100}{z} - x$$

Daraus folgt:

$$Sr = \frac{x \cdot z}{x \cdot (100 - z)} = \frac{V_{va}/V_{aor}}{100 - V_{va}/V_{aor}}$$

Tabelle 3. *Gegenüberstellung der im Lungenvenenblut gemessenen Kohlensäurespannung und der alveolaren Kohlensäurespannung, die nach der im Text angegebenen Gleichung (III) berechnet wurde.* AVD p_{CO_2} = Arterio-venöse Differenz der Kohlensäurespannung in mm Hg. $p_{CO_2 c'}$ = Kohlensäurespannung am Ende der Lungencapillaren. Der Shunt ist hier durch einen intrakardialen Kurzschluß bedingt

	V_{va}/V_{aor}	$p_{CO_2 a}$	AVD p_{CO_2}	$p_{CO_2 c'} = p_{CO_2 A}$
gem.	62	31	4,0	24
ber.				24,4

Die Bestimmung der Kohlensäurespannung bei einem Patienten mit Fallotscher Trilogie im arteriellen, gemischt-venösen und Lungenvenenblut ergab mit
der Berechnung nach Gl. III eine gute Übereinstimmung (s. Tab. 3).

d) Shuntbedingte Sauerstoff-Aufsättigung

Wie wir bereits feststellten, kam es auch bei dem besprochenen Lungenshunt
zu einer vollen arteriellen Sauerstoffsättigung nach Sauerstoffatmung. Diese bei
der oxymetrischen Messung gefundene Sauerstoffaufsättigung ist bedingt durch
das Abwandern des im Plasma überschüssig gelösten Sauerstoffes an die Erythrocyten. Aus diesem Grund erfährt jede arterielle
Sauerstoffsättigung von mehr als 90%, gleichgültig, ob ihr eine Verteilungsstörung, eine Diffusionsstörung oder ein Shunt zugrunde liegt,
unter Beatmung mit reinem Sauerstoff eine volle
Aufsättigung, wenn die Messungen oxymetrisch
durchgeführt werden (33).

Wie die Abb. 1 zeigt, ist die Aufsättigung
bei shuntbedingter Hypoxämie abhängig von
dem Sauerstoffgehalt in der Einatmungsluft und
der Sauerstoffkapazität des Blutes. Bei Atmung
reinen Sauerstoffes können somit etwa 8—12%
arterieller Sauerstoffuntersättigung aufgesättigt
werden, d. h. andererseits, daß ein Shunt von
25—30% des Herzzeitvolumens verdeckt bleiben
kann (29, 33, 37).

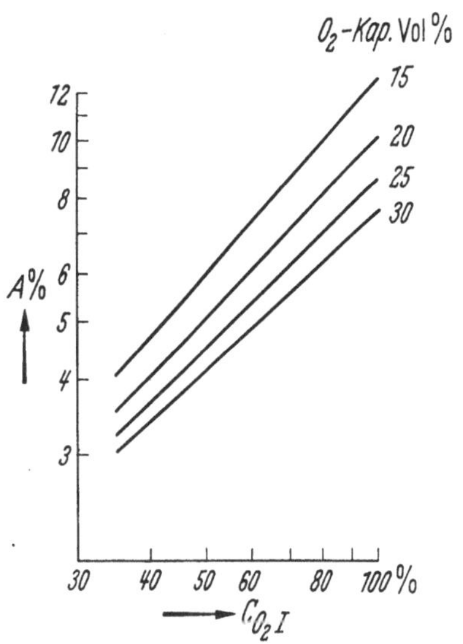

Abb. 1. Abhängigkeit der Sauerstoffaufsättigung in Prozent (A%) (Ordinate)
vom Sauerstoffgehalt der Einatmungsluft
($C_{O_2} I$%) (Abszisse) unter Berücksichtigung der Sauerstoffkapazität (O_2-Kap.
= 15, 20, 25, 30 Vol.-%) bei shuntbedingter
Hypoxämie

Besprechung und Diskussion

a) Pathologisch-anatomisch

Die ersten Beschreibungen von arterio-arteriellen Anastomosen finden sich bereits um 1700
(8, 40, 46). Über arterio-venöse Anastomosen
berichtete uns besonders v. HAYEK (9, 22, 23,
27). Eine ausführliche Darstellung der veno-venösen Verbindungen findet sich bei
SCHOENMACKERS (40). Danach haben wir mit Venenkommunikationen zwischen
Lungen-, Bronchial- und Pleuravenen zu rechnen. Auch porto-pulmonale Anastomosen (10, 39, 42) gehören hierher.

Grundlage der veno-venösen Verbindungen in der Lunge mit veno-arterieller
Kurzschlußdurchblutung sind die beiden Kreislaufsysteme der Lunge, die Lungengefäße (Vasa publica) und die Bronchialgefäße (Vasa privata). Der Rückstrom
des nutritiven Kreislaufes erfolgt über die Bronchialvenen und z. T. auch über die
Lungenvenen (21). Da das Bronchialvenennetz die Niederdrucksysteme ver-
bindet, kann eine veno-arterielle Kurzschlußdurchblutung (vgl. auch Abb. 2)
resultieren aus:

a) einem Rückstrom von venösem Blut über den Bronchialvenenplexus in die
Lungenvenen bei Druckerhöhung im venösen Schenkel des großen Kreislaufes,

b) einem vermehrten Abfluß von Bronchialvenenblut in die Lungenvenen bei vergrößertem Durchfluß der Bronchialgefäße.

Für die Stromumkehr kommen hauptsächlich die Venen im Lungenhilus in Frage. Hier finden sich auch die Anschlüsse an Pleuravenen (40).

Auch bei unserem Patienten mit der dekompensierten Tricuspidalinsuffizienz waren im postmortalen Angiogramm der Lunge (40) (s. Abb. 3) die Bronchialvenen im Hilus der Lunge so stark erweitert, daß Kontrastmittel, das in den linken Vorhof injiziert wurde, alsbald aus der Vena cava superior wieder abfloß.

b) Pathologisch-physiologisch

Die Tricuspidalinsuffizienz war bei dem Patienten so schwer, daß funktionell ein klappenloses Ostium vorlag. Damit war ein Druckanstieg im rechten Vorhof und den vorgeschalteten Venen verbunden. Auf Grund dieser Druckerhöhung im venösen Schenkel des großen Kreislaufes kam es infolge des Druckgefälles zwischen der oberen Hohlvene und den Lungenvenen über die Bronchialvenen zur venösen Beimischung im arteriellen Schenkel des Kreislaufes. Diese veno-arterielle Kurzschlußdurchblutung (Rechts-links-Shunt) über veno-venöse Verbindungen in der Lunge ist abhängig von dem herrschenden Druckgefälle zwischen den beiden Niederdrucksystemen und dem Ausmaß der Verbindungswege bzw. dem Strömungswiderstand.

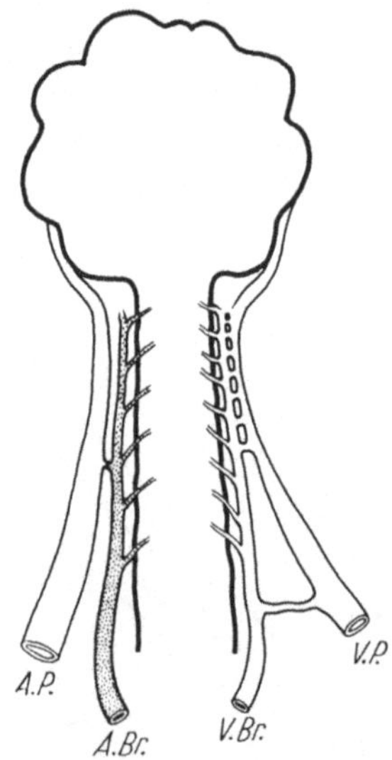

Abb. 2. Schematische Darstellung der Lungen- und Bronchialgefäße mit ihren Anastomosen. Rechts auf der Abb. finden sich die breit angelegten Verbindungen zwischen Venae bronchiales (V. Br.) und Venae pulmonales (V. P.). Über diese Verbindungen können beträchtliche Strömungsvolumina bei entsprechender Druckdifferenz zwischen rechtem und linkem Vorhof verschoben werden. Links auf der Abb. sind die arterio-arteriellen Verbindungen zwischen Arteria bronchialis (A. Br.) und Arteria pulmonalis (A. P.) dargestellt, die bei Auslgeichsversorgung in Funktion treten

Bei allen Erkrankungen, die mit einem erhöhten Venendruck einhergehen, und bei denen ein Rechts-links-Druckgefälle besteht, können also über veno-venöse Verbindungen arterielle Cyanosen hervorgerufen werden; z. B. bei Rechtsinsuffizienz (26), infolge Widerstandserhöhung im kleinen Kreislauf, die nicht durch Druckerhöhung in den Lungenvenen bedingt ist, bei Tricuspidalfehlern und bei chronischen Zuständen von Veneneinflußstauung[1].

Beobachtungen an 2 Patienten mit isolierter Tricuspidalstenose (13, 28) stützen diese Annahme. Denn wir fanden bei entsprechender Druckerhöhung im rechten Vorhof eine auf 92% und 93% erniedrigte arterielle Sauerstoffsättigung (s. Tab. 4). Die postoperative Nachuntersuchung des einen Patienten ergab nach entsprechender Drucksenkung im rechten Vorhof eine im Normbereich liegende arterielle Sauerstoffsättigung.

---

[1] Für letztere finden sich Beispiele bei Loeschcke und Beer (47), die bei Patienten mit Pericarditis constrictiva teils eine vergrößerte Kurzschlußdurchblutung fanden. Bei diesen Patienten weist unseres Erachtens ein vergrößerter Shunt auf eine unterschiedliche Einflußstauung — und zwar rechts > links — hin.

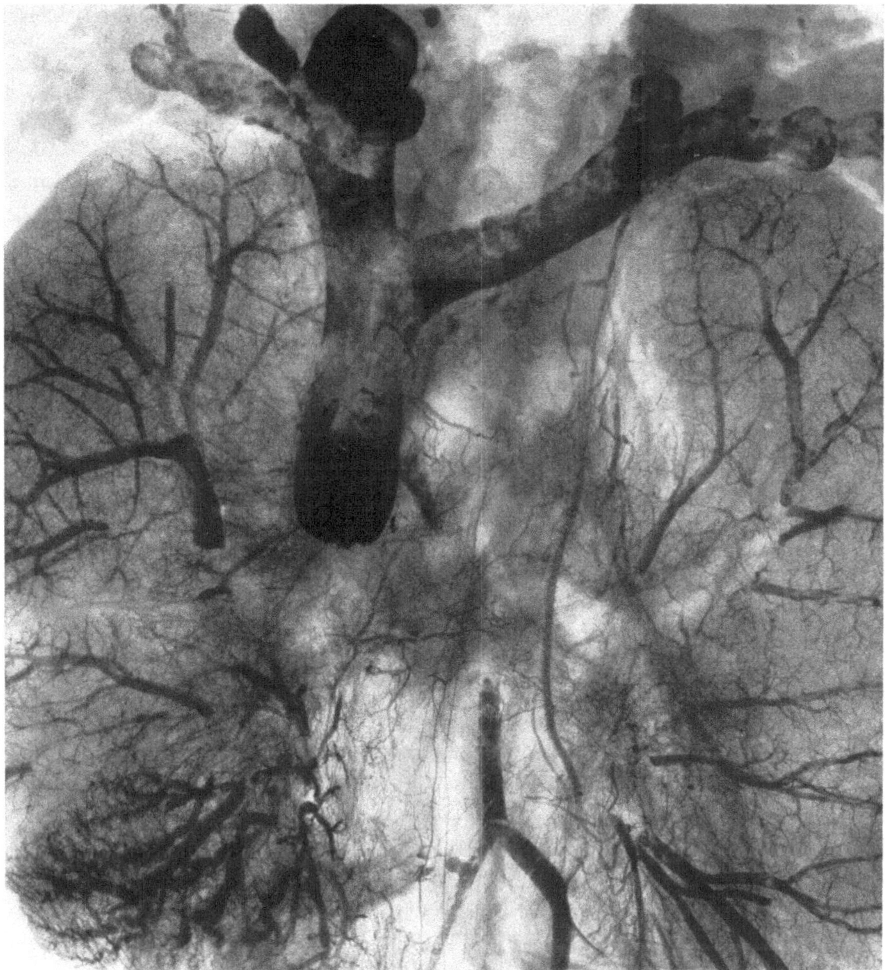

Abb. 3. Postmortales Angiogramm der Lunge. D. N., 37 Jahre, angeborene Verdoppelung des Tricuspidalostiums mit schwerer Tricuspidalinsuffizienz. Zarte, aber dichte Bronchialvenennetze in beiden Lungenhili. Weitere Venen im rechten Lig. mesopulmonum. Injektionsmittel in der V. hemiazygos, in der V. cava sup. und ihren größeren Ästen. (Entnommen bei: Schoenmackers, J.; Arch. Kreisl.-Forsch, 32, 1 (1960)]

Andererseits könnte eine geringfügig vermehrte venöse Beimischung auch als Folge eines vermehrten Bronchialgefäßdurchflusses bei Ausgleichsversorgung resultieren. Diese Form der Beimischung, die ich hier zur Diskussion stellen möchte, liegt möglicherweise bei cyanotischen kongenitalen Vitien mit Pulmonalstenose vor. Denn aus anatomischen und physiologischen Untersuchungen (*18, 30, 40, 41*) ist bekannt, daß es bei diesen Vitien zu einem vermehrten Stromvolumen in den Bronchialgefäßen kommt. Bei diesen Patienten scheint es neben der Ausgleichsversorgung über arterio-arterielle Anastomosen auch zu einer leicht vermehrten venösen Beimischung infolge vermehrtem Abfluß von Bronchialvenenblut in die Lungenvenen zu kommen. Denn während wir bei acyanotischen Vitien in den Lungenvenen eine Sauerstoffsättigung von rund 97% fanden, betrug diese bei cyanotischen

Tabelle 4. *Arterielle Sauerstoffsättigung ($S_{O_2}a$), arterio-venöse Sauerstoffdifferenz (AVD_{O_2}) und Druck im rechten Vorhof bei 2 Pat. mit isolierter Tricuspidalstenose*

Name	Re. Vorhof mm Hg	AVD_{O_2} Vol.-%	$S_{O_2}a$ %
F. J.	15/5	4,9	92
E. Ch.	25/10	10	93
		post op.	96,5

angeborenen Herzfehlern nur 95% (s. Tab. 5). Hierzu muß jedoch erwähnt werden, daß auch bei normaler venöser Beimischung es infolge einer erniedrigten venösen Sauerstoffsättigung (*20, 32*) bereits zu einer verminderten Sauerstoffsättigung in den Lungenvenen kommt. Denn die arterielle Sauerstoffsättigung ist abhängig von der Menge des Shuntblutes und seiner Sauerstoffsättigung.

Tabelle 5. Gegenüberstellung der mittleren Sauerstoffsättigung im Lungenvenenblut ($SO_{2\ V.pulm}$) von 10 acyanotischen angeborenen Herzfehlern mit intrakardialem Links-rechts-Shunt und 10 cyanotischen kongenitalen Vitien mit intrakardialem Rechts-links-Shunt. 0,7 gibt die mittlere Abweichung der Einzelmessung vom Mittelwert an

n	Cong. Vitien	$S_{O_2\ V.Pulm.}$%
10	acyanotisch	97,1 ± 0,7
10	cyanotisch	95,2 ± 0,7

Die Shuntbestimmung gibt nur Auskunft über die Größe einer Kurzschlußdurchblutung. Ihre Lokalisation stützt sich jedoch auf die klinische Erfahrung. Nach Ausschluß eines intrakardialen Defektes läßt sich von einem Lungenshunt sprechen. Sehen wir von einer venösen Beimischung aus nicht belüfteten Lungenpartien ab, so ist weiter zwischen einer Durchblutung arterio-venöser und veno-venöser Anastomosen zu differenzieren. Ein Rechts-links-Shunt über veno-venöse Verbindungen zwischen Bronchialvenen und Lungenvenen wird nahegelegt, wenn bei einem erhöhten Druck in den Hohlvenen ein Rechts-links-Druckgefälle besteht.

Zusammenfassung

Es wird ein Rechts-links-Shunt von 17% des Herzzeitvolumens — eine Kurzschlußblutmenge von etwa $^1/_2$ l/min — über veno-venöse Verbindungen zwischen Bronchialvenen und Lungenvenen am Beispiel einer dekompensierten Tricuspidalinsuffizienz besprochen. Die Durchblutung veno-venöser Anastomosen in der Lunge ist als weiterer Faktor, neben den bisher bekannten, für das Zustandekommen einer arteriellen Hypoxämie in Rechnung zu stellen. Ein solcher Rechts-links-Shunt über veno-venöse Verbindungen zwischen Bronchialvenen und Lungenvenen wird nahegelegt, wenn bei einem erhöhten Druck in den Hohlvenen ein Rechts-links-Druckgefälle besteht. Weiter wird auf den bei shuntbedingter Hypoxämie vorliegenden alveolar-arteriellen Kohlensäuredruckgradienten hingewiesen und eine Gleichung zur Berechnung der mittleren alveolaren Kohlensäurespannung beim Vorliegen eines Rechts-links-Shunt angegeben.

Literatur

1. Astrup, P.: Scand. J. clin. Lab. Invest. 8, 33 (1956).
2. — u. S. Schrøder: Scand. J. clin. Lab. Invest. 8, 30 (1956).
3. Bartels, H.: Pflügers Arch. ges. Physiol. 254, 107 (1951).
4. — R. Beer, E. Fleischer, H. J. Hoffheinz, J. Krall, G. Rodewald, J. Wenner u. I. Witt: Pflügers Arch. ges. Physiol. 261, 99 (1955).
5. — — M. Mochizuki u. G. Rodewald: Z. ges. exp. Med. 126, 582 (1956).
6. — E. Bücherl, C. W. Hertz, G. Rodewald u. M. Schwab: Lungenfunktionsprüfungen. Berlin-Göttingen-Heidelberg: Springer-Verlag 1959.
7. — u. G. Rodewald: Pflügers Arch. ges. Physiol. 258, 163 (1953).
8. Bücherl, E.: Klin. Wschr. 30, 961 (1952).
9. Cain, H.: Klin. Wschr. 36, 321 (1958).
10. Calabresi, P., u. W. H. Abelmann: J. clin. Invest. 36, 1257 (1957).
11. Comroe, J. H., R. E. Forster, A. B. Dubois, W. A. Briscoe and E. Carlsen: The lung, Clinical Physiology and Pulmonary Function Tests. Chicago: The Year Book Publishers 1955.

12. DALY DE BURGH, I., H. DUKE, J. L. LINNZELL and J. WEATHERALL: Quart. J. exp. Physiol. **37**, 149 (1952).
13. DERRA, E., F. GROSSE-BROCKHOFF u. F. LOOGEN: Langenbecks Arch. klin. Chir. **288**, 104 (1958).
14. FARHI, L. E., and H. RAHN: J. appl. Physiol. **7**, 699 (1955).
15. FASCIOLO, J. C., and H. CHIODI: Amer. J. Physiol. **147**, 54 (1946).
16. FENN, W. O., H. RAHN and H. B. OTIS: Amer. J. Physiol. **146**, 637 (1946).
17. FERGUSON, F. C., R. E. KOBILAK and J. E. DEITRICK: Amer. Heart J. **28**, 445 (1944).
18. FISHMAN, A. P., G. M. TURINO, M. BRANDFONBRENER, A. HIMMELSTEIN: J. clin. Invest. **37**, 1071 (1958).
19. GILROY, J. C., P. MARCHAND, V. A. WILSON: Lancet **1952**, II, 957.
20. GROSSE-BROCKHOFF, F., u. R. MÜRTZ: Z. Kreisl.-Forsch. **49**, 33 (1960).
21. GROSSE-BROCKHOFF, F., u. W. SCHOEDEL: Physiologie und Pathophysiologie des Kreislaufs: Handbuch für Thoraxchirurgie. Berlin-Göttingen-Heidelberg: Springer-Verlag 1958.
22. HAYEK, H. v.: Z. Anat. **110**, 412 (1940).
23. — Z. Anat. **122**, 221 (1942).
24. HERTZ, C. W.: Klin. Wschr. **1956**, 472.
25. HURWITZ, A., M. CALABRESI, R. W. COOKE and A. A. LIEBOW: J. Thorac. Surg. **28**, 241 (1954).
26. LIEBOW, A. A.: Amer. J. Path. **29**, 251 (1953).
27. — M. R. HALES and C. F. LANDSKOG: Amer. J. Path. **25**, 211 (1949).
28. LOOGEN, F., u. W. SCHAUB: Dtsch. med. Wschr. **84**, 409 (1959).
29. MARCHAND, P., J. C. GILROY and V. H. WILSON: Thorax **5**, 207 (1950).
30. MEESEN, H.: Verh. dtsch. Ges. Kreisl.-Forsch. **17**, 25 (1951).
31. MOCHIZUKI, M., u. H. BARTELS: Pflügers Arch. ges. Physiol. **262**, 473 (1956).
32. MÜRTZ, R.: Z. Kreisl.-Forsch. **44**, 714 (1955).
33. — u. H. J. MÜRTZ: Z. Kreisl.-Forsch. **49**. 951 (1960).
34. — u. G. NEUHAUS: Klin. Wschr. **32**, 847 (1954).
35. OPITZ, E.: Beitr. Klin. Tuberk. **110**, 3 (1953).
36. RILEY, R. L., and A. COURNAND: J. appl. Physiol. **1**, 825 (1949).
37. RODEWALD, G.: Anästhesist **3**, 4 (1954).
38. ROSSIER, P. H., u. E. BLICKENSTORFER: Helv. med. Acta **13**, 328 (1946).
39. RYDELL, R., and F. W. HOFFBAUER: Amer. J. Med. **21**, 450 (1956).
40. SCHOENMACKERS, J.: Arch. Kreisl.-Forsch. **32**, 1 (1960).
41. — u. H. VIETEN: Ergebn. ges. Tuberk.-Forsch. **14**, 349 (1958).
42. —u. VIETEN: Fortschr. Röntgenstr. **79**, 488 (1953).
43. SCHWAB, M.: Verh. dtsch. Ges. inn. Med. **62**, 143 (1956).
44. TAYLER, B. C., P. OGLESBY, F. SCHICK u. G. M. HAAS: Circulation **15**, 757 (1957).
45. TOBIN, CH.: Surg. Gynec. Obstet. **95**, 741 (1952).
46. TÖNDURY, G., u. E. WEIBEL: Schweiz. med. Wschr. **86**, 265 (1956).
47. LOESCHCKE, G., u. F. BEER: Referat in dieser Veröffentlichung.